智识塔

Zero-waste Cities

“无废城市”之垃圾去哪儿

楼紫阳 ◎ 编著

上海交通大学出版社
SHANGHAI JIAO TONG UNIVERSITY PRESS

内容提要

本书是生态文明建设之“无废城市”建设的相关科普读物。垃圾是人类在生活中留下的痕迹，也是人类社会代谢过程中的必然产物。本书追溯在人类历史发展中，人类对待垃圾处理的不同方法和途径，挖掘堆、填、烧、用等主要垃圾处理方式的发展过程，探究不同阶段垃圾、自然与人类社会的互馈关系，阐明垃圾不当处理带来的污染以及引发的邻避效应，厘清大众对于技术发展带来的不同风险认知，从技术角度说明现代垃圾处理方法的突破以及安全性。同时，以我国第一个强制垃圾分类的城市——上海为例，探究“无废城市”建设背景下，固废的污染与资源双重属性转化新趋势以及由此带来的对城市、居民的影响。本书的主要读者为青少年以及环保爱好者，在本书中可以让读者了解到城市中废弃物流的历史演化过程、处理处置的方式和技术与社会互馈下产生的相互促进作用，从而让青少年了解垃圾，并能够积极投身到“无废城市”的建设中，践行“人民城市人民建，人民城市为人民”的理念。

图书在版编目(CIP)数据

“无废城市”之垃圾去哪儿/楼紫阳编著. —上海：
上海交通大学出版社，2023. 10
ISBN 978-7-313-29341-1

Ⅰ. ①无… Ⅱ. ①楼… Ⅲ. ①城市—垃圾处理 Ⅳ.
①X799. 305

中国国家版本馆 CIP 数据核字(2023)第 162370 号

“无废城市”之垃圾去哪儿
“WUFEI CHENGSHI”ZHI LAJI QU NAER

编　　著：楼紫阳
出版发行：上海交通大学出版社　　地　　址：上海市番禺路 951 号
邮政编码：200030　　电　　话：021-64071208
印　　制：上海盛通时代印刷有限公司　　经　　销：全国新华书店
开　　本：880mm×1230mm　1/32　　印　　张：3. 625
字　　数：66 千字
版　　次：2023 年 10 月第 1 版　　印　　次：2023 年 10 月第 1 次印刷
书　　号：ISBN 978-7-313-29341-1
定　　价：39. 00 元

前　言

当看到元素周期表时，我们惊叹于人类的伟大，一张小小元素周期表就把万千世界支撑了起来。人类的发展也是不停地发现和利用新元素的过程，但是不知道大家是否思考过，各种元素组成了多样的物质世界，而经过人类使用后的物质，最终都去哪儿了？有多少继续在我们的世界中得到回收利用？事实上，答案是残酷的，只有 18 种元素回收使用率达到或超过 50%，大部分元素经使用后将直接进入垃圾中。垃圾是人类存在的万年例证，犹如一面文明之镜，忠实地反映了社会的变迁和人类的生活风貌。它虽然不语，却记载了英雄帝王的文韬武略；虽然不言，也反映了平民百姓的家长里短。考古学家醉心于发掘古代垃圾，不放过一丝一毫，因为它是还原历史的一手资料。但对于现代人类来说，每天产生的新鲜垃圾因对环境的影响并不受到待见。

垃圾到底去哪儿了？对世界的好奇不断开拓我们的视野。好奇小狗是怎么长大的？好奇为什么飞机能在天上飞，而汽车不行……好奇带来了问题，问题带来了创新。对于垃圾本身，我们也应心存这种好奇。物质是不灭的，我们丢弃的垃圾到底会有怎样的归宿？一部纪录片中的小女孩总爱问爸爸关于垃圾的事情，“我们的垃圾被丢到垃圾桶之后又被送到哪里去了？”“爸爸，你看我们家每天都要扔好多垃圾哦，那垃圾处理站会不会装不下呢？”“爸爸，是不是世界上只有一个垃圾场，能把所有垃圾都装进去？”刚开始爸爸还能回答，但是越到后面，爸爸其实也不知道垃圾到底是去哪儿了，是被怎么处理的，这在现实中也是大部分公民的困惑，故事中的爸爸干脆带着女儿一起去实地探索垃圾的去处。而这也正是“无废城市”建设中重要的一环，让垃圾制造者——人类能够全时段、全过程地了解垃圾产生和处理过程，进而带动源头的削减和关注过程中的回收利用需求。

垃圾问题是政府和公众关注的热点和难点，也是一个城市精细化管理水平的重要考量标准。笔者作为行业内的一员，在与政府、社区、企业、学校等交流的过程中，发现一个亟待解决的问题是，每个人都知道垃圾分类的重要性，但是很多时候无从下手，也常常怀疑分类后的去向是否和不分类没有差别。就像一千个读者眼里有一千个哈姆雷特一样，每个人对于垃圾分类也都有自己独特的见解。笔者结合多年的实践和思考，期望编著一本可以传播垃圾分级管理理念及知识的通俗读物，这是本书撰写初衷之一。我们在羡慕发达国家找到了一条垃圾分类循环利用之路的时候，很少有人去思考，这些国家其实经历了漫长的探索，但所有探索中的国家都有一条共性认识，即垃圾问题和解决需要从娃娃抓起，充分发挥小手拉大手的作用，从学校走向家庭，走向社区，需要全民参与。能借此书帮助读者了解垃圾分类的前世今生，特别是知道如何去操作，这是撰写本书的初衷之二。

本书是笔者二十余年从事垃圾处理研究和教学过程中的一些心得。开始，只知道要做这个事情，有素材、有目的，却无思路，无中心，毕竟垃圾问题涉及面广，包含垃圾的产生、收运、处理处置以及二次污染的控制，如果往前推进，则会跟城市的整个新陈代谢以及物质的循环过程息息相关。为了青少年能读进、读懂，笔者苦思多日，偶有所得，最终把议题定位到青少年应该了解的知识中。

垃圾是人类生存的印记，像影子一样与我们同在。通常认为，人类的自我认识和自我革命都是最难的事情，而解决垃圾本身问题不啻为一场自我革命，需要我们共同努力，从随手丢弃到随手分类。本书旨在告知大家垃圾的处理处置方式，回答“垃圾去哪儿”这个疑问，为青少年播下希望的种子。

本书参与编著人员中，楼紫阳、盛依婷、刘佳、张可、陈思勤、李济阳、吕泓颖等负责了文字工作，彭米苔、梅瑶炯、温小明、张可、吕皓然、张刘心、楼上达等负责了插图绘制工作。

本书编写过程中参考了大量文献，若存在纰漏或表达不当之处，敬请读者指出或提出改进方案。本书编写也得到了上海市环境与生态Ⅳ类高峰学科、“科技兴蒙”上海交通大学行动计划专项(SA1600213)以及国家科技部高端外国专家引进计划支持。让我们携手共进,共同建设“无废城市”。

目 录

第1章

“垃圾围城”对人类的挑战

地球的七大洲成就了人类的发展。然而，除了这些陆地之外，在我们的海洋上还存在着一个被戏称为“第八大洲”的地方，这里的“原住民”是一群被人类遗弃的废弃物，包括塑料瓶子、牙刷、包装材料等，以及一些原生动物，它们寄居其中。这些废弃物随着洋流四处漂流，围绕着地球的各大洲形成了一个巨大的环绕带。

对于城市而言，北京市日产垃圾 2.5 万吨，如用卡车运输，排列的车队长度将超过 50 公里，三环路也装不下；而上海市也不遑多让，日均生活垃圾清运量达 3 万余吨，只需十余天就可堆出一幢金茂大厦[1]……为快速消纳这些垃圾，城市周边建设了很多现代化垃圾处理设施，形成了另一种垃圾与城市相互嵌套的“垃圾围城”（见图 1－1）。这一切正是人类文明的“痕迹”。日常生活中，我们随时随地产生垃圾，早晨煎荷包蛋留下的鸡蛋壳，写作业用完的笔芯、便利店小零食扔掉的包装……垃圾如影随形地伴随着我们。从“垃圾围城”到“垃圾岛”，再到“垃圾洲”，一

图 1－1　垃圾围城

切都是人类的“杰作”罢了。

如何才能摆脱巨量垃圾带来的困扰呢？从垃圾处理的前世今生来看，尽管人类文明不断进步，技术日益精进，但几千年来对待垃圾，人类采用的方法本质上并无新意，无外乎精细化处理加上过程减量化。如今为了提升可持续发展和实现“双碳”目标，在垃圾减量化方面做了较多工作，规划了很多方法来促进减量，既有废物产生过程的责任分配和延伸，也有各种产品的准入制度，对于生活垃圾则更聚焦于源头分类和处理过程中的方法优化。

1.1 垃圾围城的苦恼

第二次世界大战是人类不同国家利益之间的斗争，战后人类享受了和平带来的红利，经济得到高速发展，但又陷入了另一场战斗。巨量物质消耗引发了垃圾围城，人类不得不跟垃圾较上了劲儿。专门将镜头对准垃圾的《塑料王国》作品中，有这么一幅照片：在堆满各种垃圾、臭气熏天、苍蝇遍布的车间里，一个小孩正拿着医院针管使劲往嘴里滋水（见图1-2），玩得不亦乐乎，而在一旁的父母则忙着回收“洋垃圾”。美国有位摄影师巴里·罗森塔尔，也用一种独特的方式记录着人类对地球海洋的影响——他从纽约港沿海地区收集了数千件垃圾，并整理成有趣的艺术作品，借此让观众反思我们扔掉的垃圾。意大利在20世纪诞生了“贫穷艺术”，随后在 1967—1977 年达到巅峰，通过废旧品和日常材料或被忽视的物质作为艺术的表现媒介，从另一方面推进了废旧物资的循环利用。特别是在 2018 年，意大利特拉达特市，艺术家莫雷诺・特拉帕尼（Moreno Trapani）打造了一个“垃圾之屋”（the home of the bad consumption），照片里，整个房屋塞满了成袋的垃圾，垃圾从房子的窗户、房门泛滥而出，呈现另一种恐怖的“垃圾围城”（见图 1-2）。

图 1-2　垃圾场的小孩和垃圾之屋

垃圾围城现象与工业化进程速度直接相关，发达国家的物质消耗量和垃圾数量一直居于世界领先地位。谈起纽约曼哈顿，多数人大脑中可能一闪而过其五光十色的时代广场或是第五大道精品百货的奢华橱窗，殊不知这华美的一面也难以掩盖背后的问题，走在曼哈顿街头，常能看到散落四处的垃圾，早上出门上班或是路上慢跑的纽约客，时不时需要灵巧地避过占据人行道一半面积的垃圾堆。

分析不同收入组国家之间的垃圾产生特征[2]（见图 1－3），可以得知高收入发达国家虽然城市人口没有低中等收入国家多，但人均垃圾产生量是其数倍。但预计到 2025 年，由于人口基数大、垃圾处理设施落后等原因，低中等收入国家产生的垃圾规模将超过发达国家。巨量垃圾带来了颇多负面影响，也迫使各国政府想尽办法，来拯救被垃圾包围的城市。发达国家先后规范了垃圾收运处置体系，并对城市周边的非正规处置场所进行整顿。垃圾处理不再是一个人、一个家庭的问题，而上升到一座城、一个国家的问题。法国

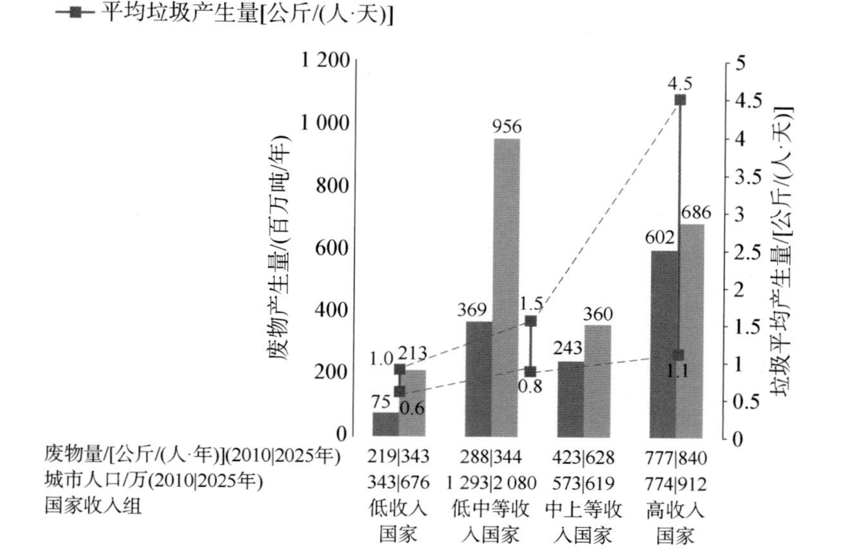

图 1－3　不同收入组国家垃圾产生特征

（资料来源：The World Bank）

环境保护委员会就规定，政府需要清理掉非正规“野垃圾场”，地方区域社团负责组织垃圾收运工作，并送入集中处置设施处理。解决垃圾收运处置这样一个费时费力的问题很困难，它随着居住区人口密度、垃圾类型、清运次数、清运距离及使用设施等的变化而改变。为了让城市居民直接感知垃圾带来的环境问题，向垃圾产生者直接收费等方法开始出现，其费用与人口数和住房面积挂钩，也可以按照产生的垃圾量或体积收费[3]。把垃圾费用分摊到个体，其带来的垃圾减量效果是显而易见的，大多能减少1/4～1/3。当然，不是每位居民都会去执行这些责任分担措施，偷偷摸摸乱丢垃圾的居民仍不在少数。虽然时代发展了，但是人性依然，在可预见的将来，如果没有强力监督保障，诸如此类不当行为依然会出现，没有民众广泛支持，垃圾围城问题不会自动消失。城市垃圾的未来取决于我们的选择。

1.2 垃圾层级时代的到来

如何引导和规范居民的选择？需要因地、因时、因事制宜，认清不同时段、不同区域、不同组分的垃圾其价值是不一样的，通过创新理念、配套政策和分级利用来降低其末端处置量，垃圾层级利用时代的到来成为必然。

一直以来，中国传统文化非常重视人与自然的和谐统一。古代垃圾类型相对单一，主要以生物质燃烧灰渣和有机垃圾为主，大部分垃圾最终能回归到土地，但历朝历代都出现过灰渣引起火灾以及有机垃圾影响市容等问题，因此同样制定了较为严格的垃圾处理规章制度。《韩非子·内储说上》中记载，“殷之法，弃灰于公道者，断其手”。殷商时代是不允许公共道路上乱倒垃圾，违者甚至会被砍手，主要是担心燃烧后的灰渣复燃引发火灾。《唐律疏议》中规定：“其穿垣出秽污者，杖六十；出水者，勿论。主司不禁，与同罪”。也就是说，街道上扔垃圾的人，会受到五刑中的次轻刑——杖刑六十大板。如今，衣、食、住、行、用等各个场景都在制造不同的垃圾，有的垃圾回收后利用价值很大，而有些垃圾不但没有利用价值，还无法通过各种降解手段得到处理。

21 世纪的今天，垃圾场不应只是一个完全失去生命、充满惰性的场所，而应根据垃圾产生的场景、垃圾的组分为它们提供一个合适的去处。为尽量减少垃圾进入垃圾场，很多国家提出原生垃圾零填埋的想法。据悉，英国等发达国家制定了相当高的填埋税，直接让你填不起；而欧盟规定含 5%以上有机垃圾不能进入填埋场，现在他们都宣称自家没有填埋场。上海也提出了原生垃圾零填埋的目标。但垃圾不进入垃圾场，总还是要有去处。为此，垃圾层级（waste hierarchy）理念开始为大众所熟知，在这个理念中，垃圾的去向呈现出金字塔型，从顶端到底端，依次分为事前预防、过程减量、直接回用、循环利用、能源回收和最终填埋几个层级（见图 1-4）。垃圾处理需要分类分层管理。《德国固体废物管理》(2018 年)将废弃物管理分解为“避免产生—再次使用—物质回用—能量回收—终端处置”。美国环境保护署(Environ-mental Protection Agency, EPA)则致力于垃圾安全回收(safety recovery),于 2011 年提出其向“可持续材料管理”转变,从以前只关注效率及经济优先向多种要素综合考虑,垃圾处理从强调“如何安全处理”转化为“如何安全地回收使用过的材料”。为此,《科学》(*Science*)期刊在 2012 年出了一个以“垃圾”为主题的专刊,探究如何进行废物处理

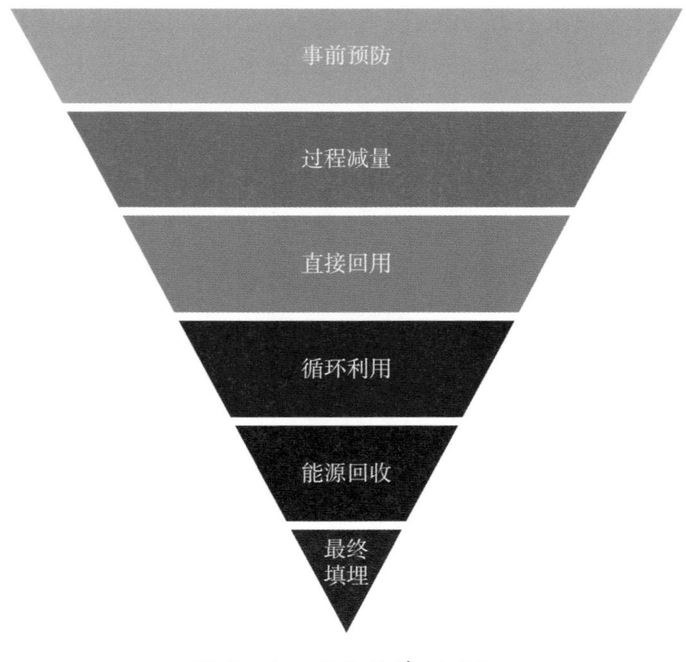

图 1－4　废弃物管理层级

(working with waste)。可以说:垃圾已经不再被称为垃圾,而指用过的物质或者材料,垃圾处理的目的不只是安全处理,而是为了安全回用。废物的多样性决定了废物处理的各种方法,使其成为在建设无废城市的背景下的关键焦点。

垃圾去哪儿了?

这个灵魂拷问实际上反映了我们渴望充分利用资源,最大程度地发挥它们的剩余价值,以实现理想中的"无废世界"。这也是实现垃圾层级化管理时代的重要驱动力。那么,让我们一起探讨不同类型的生活垃圾在不同环节如何实现其独特的价值,走进它们的再生之旅吧!

第2章

磨刀不误砍柴工，垃圾分类利回收

垃圾作为连接物资消耗和环境污染的桥梁，其有序管理是解决这两者关系的关键前提。一个有效的管理系统应包含前端的垃圾分类和分流，以减少投放过程中的混合，降低垃圾收运体系中的混杂，从而有利于垃圾的再生之旅。这不仅需要每一个垃圾产生者明确自己的责任，重视使用的物品，不随意乱扔垃圾，同时也依赖垃圾处理工作者的辛勤劳动，他们从被丢弃的垃圾中找寻宝贝，用敏锐的眼光辨别其中的价值。

我国自古以来是一个崇尚节俭的国家，勤俭节约既是个人生活习惯和道德品行的小事，也是关乎社会风气和家国兴衰的大事。“新三年，旧三年，缝缝补补又三年”，这是老祖宗在物质较为短缺时期的一种自发行为，是一种朴素的自然观，不过多地从自然界索取资源。但在物质极度丰富的21世纪，社会上出现了各种消费品位，其中快速消费品一直占据着主要地位。从小到大，我们丢弃了太多的东西（见图2-1），追求着物欲带来的满足感，快递、外卖成为日常生活的一部分。殊不知人

图2-1　人类成长经历中不断增加的垃圾

们时常花很多的精力在包装上面，买椟还珠、包装为贵，这些本末倒置的事情就在我们身边。要将人类从物欲中抽离出来，还需给生活做减法，开启“断舍离”的生活方式，让节俭回归到我们生活中。

人们一直说“垃圾是放错地方的资源”，倘若能将其放对位置、区分源头，从而利于后续的妥善处置和利用，那垃圾不就不再是垃圾了吗？

对于垃圾，要放对位置，最合适的方式是根据垃圾层级管理要求，将视角从单纯方便末端处置、提高处置效率，延伸到全过程的有序管理，从物料的开采、物质的加工利用、产品的消费到最终的垃圾产生和处理中，减量和回收利用是不可或缺的一环。比如废纸的回收利用，一吨废纸可生产 0.8 吨再生纸纤维，节省 17 棵大树、3 厘米填埋空间，而 1 吨废塑料可回收 600 公斤柴油和 1 500 吨废纸。放对垃圾，需要对物欲进行“断舍离”，“断掉”购买非必需品的念头，“舍弃”没有利用价值的东西，“离开”巨量物质消耗。放下对物资的迷恋，重拾对生活的新态度，保持独立，适度拥有，摒弃浪费（见图 2－2）。

图 2－2　垃圾桶

2.1 给垃圾“做减法”

20 世纪 80 年代，联合国的三大委员会（“我们共同的安全”“我们共同的危机”“我们共同的未来”）研究了全球南北问题、裁军与安全、环境与发展等问题，认为“可持续发展”是解决问题的根本之道，也是应对全球性的环境污染和资源枯竭问题的基础。德国在 1994 年 10 月出台了《循环经济的促进和废物处理法》，将垃圾视为资源，并通过法律明确循环经济的优先顺序。该法案通过减少产品原料使用，降低其中有毒物质的含量，延长产品寿命等措施来减少垃圾的产生。垃圾再生利用只是减少末端垃圾量的过程性方法，源头减量才是解决垃圾问题的根本方法。“减量化”就是要对日常生活“做减法”，少点一份外卖，自备购物袋等，减少一次性垃圾的产生。

垃圾减量化始于 19 世纪，其包含了末端物质的再回收提取和前端的再回用[4]。美国人鲁道夫·赫林和格里利发现废油脂里藏着好生意，采用捕鲸业中鲸油再利用，实现油脂和渣滓分离，油脂用来制造肥皂等物品，而渣滓则用作肥料。1896 年，沃伦与环卫公司合作推进减量工程，但恰逢经济大萧条，推进并不顺利，虽然费城也有化工厂熬到 1958 年才停产，但“幸存者”太少，因此单纯通过市场化的减量过程是无法维持正常运作的。第二次世界大战后随着居民的环保思想和垃圾再生理念的迅速发展，二手市场成为减少垃圾产生的重要途径，但其极易受到回收行业的影响。20 世纪 70 年代初期，快速发展的汽车和房屋市场使得混合再生纸回收急剧增加，然而不到五年，市场不景气又使可回收市场陷入困境。预押金制度成了一种可选择的对抗市场波动的方法。美国俄勒冈州通过了退瓶法案，利用预先缴纳押金促使使用者将瓶子等容器主动送回，减少了市场自发组织价格的影响要素。推动回收要么通过生产者责任延伸，通过押金等方式让消费者只有使用权而主动退回，要么通过政策或者价格调控等培育回收市场。

垃圾减量需要综合考虑垃圾所涉及的便利问题、产品禁用问题、不同原料产品的全面替代问题、人体健康问题以及生态安全问题等。根据不同对象，设计可行的回收路径，构建可能的分类回收体系，小步快走快速迭代，实现垃圾减量从粗放化走向精细化。

2.2 再生回收关键——拾荒者

2009 年 12 月间，联合国气候变化大会 COP15 会场内，来自 192 个国家的谈判代表集聚一堂，人声鼎沸，为了《京都议定书》一期到期后的后续方案磋商着，会场外天寒地冻的哥本哈根街头，活跃着各种人群，为“征求地球的最后一次机会”努力着，这其中有一个组织“垃圾拾荒者联盟”，他们要求将垃圾回收回用过程避免的温室气体纳入碳交易当中。细想起来确实如此，减少了垃圾产生量，提高了物质的使用周期本身就是减碳过程，拾荒者的要求也是合理的。

2.2.1 拾荒者群画像

拾荒人是什么样的形象？恐怕大家第一时间想到的就是背着破麻布袋，穿着脏兮兮的衣服，每天只知道捡垃圾，然而并非如此。美国有位流浪汉叫杰克・奥尔塔，他的家在美国旧金山的一个富人社区里，以捡拾富人垃圾为生，他会沿着附近的社区街道到处寻找，通常他的“寻宝”之旅会在他最喜欢的街道和垃圾桶中结束，而且收获颇丰，一周左右大概能变卖价值 300 美元的垃圾，这让奥尔塔觉得自己就像个寻宝猎人。网红“拾荒大师”也有着拾荒者的另一面(见图 2－3)，他虽以捡拾垃圾为生，但是平常喜欢读书看报，爱好历史和戏曲，腹有诗书气自华。

图 2－3　网红“拾荒大师”

拾荒者甚至还是有些人的儿时梦想，比如作家三毛就曾梦想成为一名沿街拾荒者。电影《WALL・E》对拾荒人形象的体现更为淋漓尽致，在这部电影中，一个在废弃的地球上捡拾了700年垃圾的机器人成了主角。他捡拾东西带回家，分门别类放好，比如像帽子的圆盘，不知道是勺子还是叉子的餐具，被扔掉的钻石首饰盒，不会玩的魔方，看不出是打火机的铁方盒，以及挤破后啪啪响的塑料膜……他与地球上最后一只蟑螂为伴，找到了地球上最后一株植物，每天就守着他的宝贝，开心地执行着将垃圾做成方块的程序，其举动让人想起人性的温暖和可贵之处。

2.2.2 拾荒者的历史

中华民族是一个勤俭的民族，对垃圾回收一直很上心。在这里，垃圾回收利用甚至可以追溯至旧石器时代，而在青铜器时代回收已在人们生活中深深留下烙印。陶瓷是我国历史上重要的发明，是日常生活中的重要器物。黏土制成的陶瓷不但可以大量生产，也可以通过回收被研磨成粉末，重新制成黏土，用于制作新陶器，从而尽可能长时间地使用。有意思的是，古人在各种书籍中详细地记录了不同废物处理和回收经验。《农桑衣食撮要》中说用牛粪把蚕室烘干，不但可以祛风，而且可以使蚕更多地食用桑叶；《博物志》中提到，骆驼粪便烧成灰烬可以驱赶蚊虫；《泛胜之书》中发现，蚕沙（桑蚕的排泄物）加上稻草种子，可使稻草不被虫子入侵。到了宋代，垃圾处理更加规范。北宋初年，宋太宗专门设置了城市管理机构——街道司，其中的勾当官（街道司的头目）负责街道的卫生和交通，管辖约 500 名人员来处理垃圾，由于垃圾数量实在太多了，街道司还会额外支付薪水招募一些苦力，“招置少壮堪充功役之人，所有请受例物，乞行支给”。那个时候，大城市甚至有专人来处理民间的生活垃圾，把每天的粪便和泔水都运出城市，供乡村百姓使用。这个过程一直得到延续，曾在中国生活数十年的传教士曾德昭记载到，明朝城市中生活垃圾有专人回收，特别是各种粪便，这些人以此营生，从城市里回收垃圾再运载到乡村出售，哪怕扔到街上的破布，都能够被迅速回收。

拾荒者在欧美国家同样扮演着重要的角色。浪漫之都巴黎也隐藏着一批拾荒人：捡拾人、走拾人、定点采集人与回收垃圾老板。这些人群甚至获得了“背篓与抓钩骑士”的雅号，他们配备有背篓来盛放收获的物品，并用抓钩翻动垃圾，寻找有价值的东西。夜间拾荒者处于最底层，他们没有固定捡拾地点，只能捡拾路旁的垃圾。而定点采集人拥有固定的 8～10 座楼的垃圾优先捡拾权，他们需要定期维护自己的领地，每到拂晓时分驾驶马车在领地内捡拾有用垃圾，他们类似于我国踩着黄鱼车摇铃铛的收垃圾者。最重要的是，定点采集人的权利还可以继承，有时能连续传递好几代人，甚至可以转让或者租借。让·贝德尔的《百年跳蚤史》（1985 年出版）中记载的贝特洛家族就是一个代表，一直到 1973 年，最后一代继承人埃米丽安娜夫人还管辖着十条街道的垃圾捡拾权利。垃圾总管是拾荒行业中的最高层级，他们雇佣工人进行垃圾细分。工人们将分拣好的物品按照玻璃、布头、罐头盒等规整好，分送给相应的收购者。当然，拾荒也会带来诸多环境卫生问题，比如乱翻垃圾影响市容环卫。如何管理拾荒者也成为城市一大议题[5]，在法国巴黎，为实现有效管理，警察署规定拾荒者须持有职业卡片。

2.2.3 拾荒者的战斗

万物皆有价，但受制于市场之手。废旧物质也不例外，18 世纪前后，布头是造纸行业的重要原料，为了保护布头回收，法国造纸行业还要求政府出台政策，最终在 1771 年颁布了“无论是从陆路还是从海路，严禁将任何废旧衣物、布头、旗帜等运出领土”的法令[6]。在物质大丰富的时代，美国人温斯洛·霍默制作的蚀刻画(1859 年)，描述了拾荒者在后湾垃圾场捡拾当时最有价值的破布场景(见图 2-4)[7]，当时的“三手蓝”布料是造纸及制造其他布料的重要原料，吸引当时许多拾荒者甚至居民纷纷来捡拾(见图 2-5)。但随着造纸行业的原料转向木材和稻草，这些废弃的布头和旧衣织物逐渐成为垃圾的主要物料。由此看来，贸易保护并不是简单地保护产品，只要有需求，连垃圾也不放过。事实上，物以稀为贵，玻璃、毛料和布头都曾有过自己的光辉时刻，谁又能想到它们也沦落到了今天无人问津的地步。

图 2-4　美国人温斯洛·霍默制作的蚀刻画[7]

图 2-5　拾荒者捡拾布料

捡破烂队伍作为一种社会组织，也可以成为城市社会公益的一种方式。第二次世界大战后，法国格鲁埃神父创建了一个专门帮助社会弱势群体的组织，但随着收留人员过多，财政出现困难。有过捡破烂经历的人提议把捡拾破烂与回收废品搞成一条龙来经营，以实现利益最大化。组织战友们穿梭于不同的城市与村庄，免费为住户清除各种废弃的家具、衣服和金属制品等，长期积累形成了一个组织良好的庞大企业，废品回收业务成为他们的重要基础，覆盖了30多个国家，仅在法国就拥有4 000多名从业人员，在国际上也有300多个类似的社团单位。每个社团单位都设有住宅、商店与分拣车间（木工、家用电器、缝纫、框架），并进行独立管辖。拾荒成了社会自助和救助的手段。

2.2.4 集腋成裘——来之不易的家当

新中国成立初期，我国一穷二白，为节约资源，成立了专门的废旧物资回收行业，形成了金属回收公司和废旧物资回收供销社两大回收系统[8]。1958年，周恩来总理提出："细心收购废品、变无用为有用，扩大加工、变一用为多用，勤俭节约、变破旧为崭新"的号召。改革开放后，大量人口流入城市，拾荒成为进城者立足城市的重要方式，特别是20世纪90年代后，个体回收者成为主力军，而国营物资回收企业逐渐衰弱。据不完全统计，1954—1998年，全国累计回收各类废旧物资达9亿多吨。根据环卫行业的一个老前辈调查显示，1998年单北京一个城市就有8.2万名拾荒者。回收后的垃圾经过详细分类，金属类进入河北霸州市，塑料类进入河北文安县（全国最大塑料集散市场），玻璃运往邯郸市，胶皮鞋

底运往定州市，纸类运往保定市，通过市场行为形成“捡、运、销、加工”一条龙体系[9]。

那么，这些拾荒者到底捡走了多少东西？通过对上海南京路拾荒者进行跟踪，发现拾荒者能够捡走绝大部分的可用垃圾，包括塑料饮料瓶、珍珠奶茶杯、纸质饮料杯及金属易拉罐等价值较高的废品。拾走这些废品创造财富的同时也保护了环境（见图 2－6）。

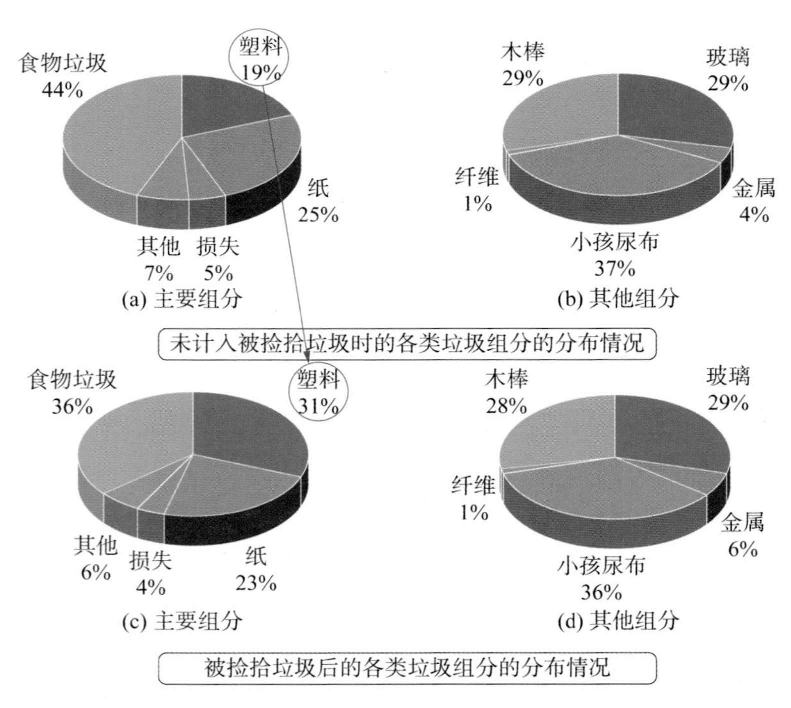

图 2－6　南京路垃圾捡拾前后各类垃圾组分分布情况[10]

“明者因时而变，知者随事而制”，如今的捡垃圾可能不再是单纯为生计所迫，垃圾回收回用甚至成了一种国家意志，是节约资源和减碳的重要手段。在强调人们精神层面幸福的今天，我们越来越注重周围的生态环境。城市作为物质和人口集聚的场所，消耗的同时也积累了大量物质，如何将人类社会内部累积的物质有效回用，成为一个关键话题。城市中的资源，我们称之为“城市矿山”，而对城市矿山的二次回收利用，成为解决资源不足、城市污染等问题的重要一步。许多城市专门设置了垃圾回收体系，对垃圾的管理水平不断提高，垃圾的减量化和资源化体系也越来越完善（见图 2－7）。对于最终产生的垃圾，我们总是希望能够顺利、安全地

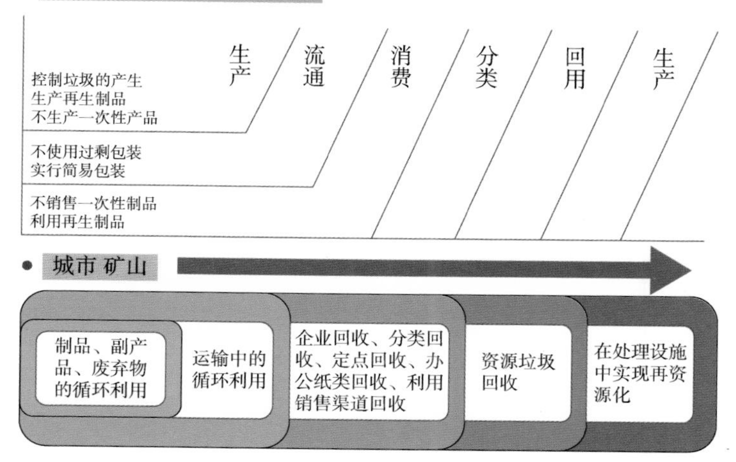

图 2－7　垃圾减量化和资源化全貌

得到处理。针对不同种类的垃圾，如有机垃圾、可燃烧垃圾、无机垃圾等，都需要根据其组分特点，帮助其进入相应的系统进行处理。

第3章

有机垃圾的育肥新生

"落红不是无情物,化作春泥更护花"。败落的花朵虽失去了昔日的艳丽,但却滋养了土壤,看似毫无利用价值的垃圾也能变成宝贵的"春泥"守护土壤。我们平时依赖土地源源不断地供给食物,这些食物在被人体吸收后就会变成垃圾,之后这些垃圾又通过何种途径才能重返农田呢?这就需要堆肥出马了。

何为堆肥?堆肥是制造生物有机肥的一种简便而有效的方法(见图 3-1),通俗来讲就是利用各种微生物作用,将有机垃圾中的蛋白质、脂肪、碳氢化合物等通过吸收、氧化和分解等过程转化为类腐殖质,腐殖化后垃圾进入土地,转化为土壤可以吸收的有机肥。堆肥处理对于厨余垃圾、田园垃圾和农业生物质废物等都具有良好效果。

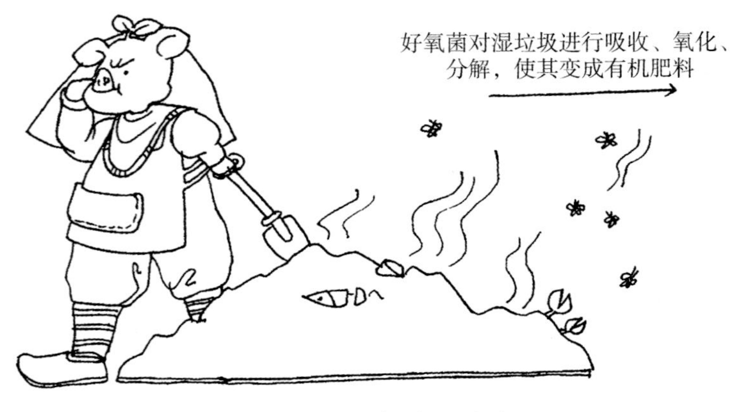

图 3-1 好氧堆肥技术

有机垃圾的新旅程在此拉开帷幕。世间万物皆有本源，叶落归根，游子归家，垃圾土中来，亦愿归土壤。

3.1 古人的育肥之路

如何将动植物等废料回归到土地中去，人类祖先千百年来一直在思考和实践，而他们也确实凭借自己的智慧做到了。

3.1.1 我国的堆肥史

考古学家在四川峨眉县清理一座东汉砖室墓时，发现了一个石制俑、鳖及水塘、水田的模型(见图 3－2)。这件“水塘水田石刻”中，清晰地描绘了一幅农夫利用堆肥在田间劳作的情景：此石田塘一侧凿出两块水田，一块田里积有堆肥、另一块田里有两个农夫正俯身劳作，另一侧凿出水塘，塘中置一小船，有鳖、青蛙、田螺，莲蓬等[11]。这可能是最早记录农田积肥的证据，也就是说早在汉代之前，我们的祖先就知道了堆肥的作用。过了近两千年，如果现在去造访峨眉县，还能看到用手礴秧的现象。

图 3-2　四川峨眉东汉水塘水田石刻[11]

聪明的古人不仅在西周就发明了垄作、条播、中耕等方法，也知道除了天然肥和绿肥以外，还可以利用其他在农业生产和生活中的一切可以利用的废弃物。到了南宋时期，逐渐形成了一套科学的堆肥方法，这比西方早了850余年。通过堆肥技术制造有机肥的持续投入，当时的水稻亩产能达到350公斤，使得南宋成为首屈一指的富裕朝代。其时有个读书人叫陈旉，号“西山隐居全真子”，虽是书生，但他喜爱种庄稼，干农活，钻研农学。经过长期的经验积累，完成了《陈旉农书》[12]，书中写道：“地久耕则耗，若能时加新沃之土壤，以粪治之，则益精熟肥美”，为保护土地，当时人们就知道不能连续耕种超过三五年，如果能用粪土加以修整则可以使土壤恢复甚至变得更加肥沃。在《农书·粪田之宜》中更是说：“用粪犹用药”，直接将粪便比作能使土壤变肥沃的一味药。怎么获得这个良药，在明代袁黄所作《宝坻劝农书》中总结了6种堆肥法：踏粪法、窖粪法、蒸粪法、酿粪法、煨粪法和煮粪法。堆肥原料，农民视之为宝，因为这直接关系到收成的好坏。清末民初北京农民一般都会用专门的粪车来托运这些堆肥原料（见图3-3）。

图3-3　清末民初北京的粪车

依靠古人积累的智慧，历史上我国的粮食产量稳步提升，人口也不断增加。从历史上不同朝代人口与粮食产量的关系（见图3-4），大概可以看出堆肥技术的作用。因此有人说，中国的发展史与粮食问题的解决是分不开的，经济基础决定上层建筑，古代中国一直居于世界中心，领先世界，堆肥功不可没。

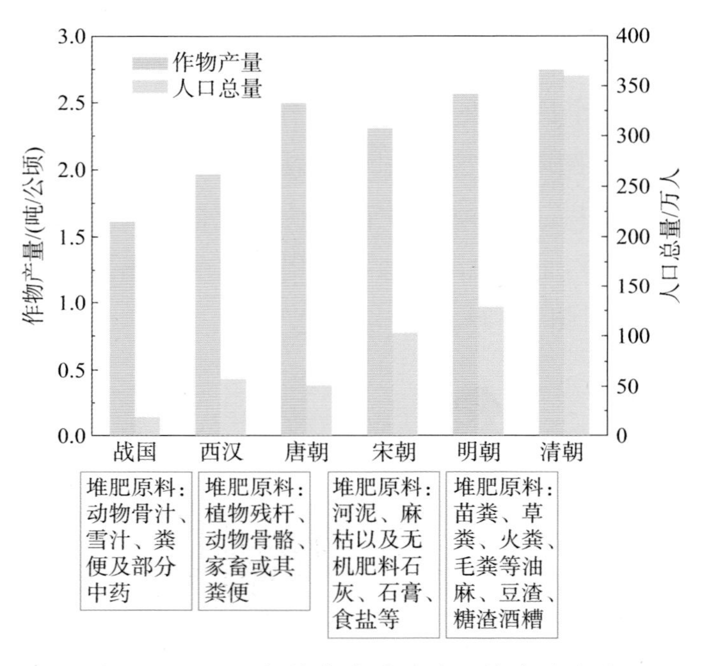

图 3-4　人口与粮食产量随堆肥技术的发展

注：1 公顷＝1×10^4 平方米

3.1.2　异域的堆肥色彩

古代西亚苏美尔人也较早知道有机粪污作用，通常会在居住的房子外面搭建粪池，而经过一段时间储存后的有机粪污可以直接用到农田上，这成为堆肥的雏形[13]。古罗马时代的人们用瓦罐将生活垃圾堆放在房屋一头，存放一定时间后作为厩肥替代品。到了 17 世纪，英国将土、肥料、绿色植物、木屑、灰烬、骨头、生活垃圾等混合后一层层堆起来，通过自行发酵释放养料，以便于植物吸收，这也是混合堆肥的雏形。农民们认识到粪肥肥田特点，通过大量收集耕地上牛马的粪便用作肥料施于土壤，由此将畜禽养殖与农业种植结合起来。同时发现在轮休土地上种苜蓿，能提高土壤肥力，于是大家都明白了“想要粮，建牧场”这个道理，苜蓿成了“牧草之王”，也成为改良土地轮耕过程的不二之选。但是仅靠自然界力量，一茬又一茬被收割的庄稼还是会带去土壤养分，不足以持续供应。

在 1600 年左右，农业学家奥立维耶·德·塞尔发现：“收集来的街巷的垃圾和泥浆，经过一段时间失去水分，可以用来肥田。例如，原本贫瘠的周边土地，使用过这种肥料后，会变得非常肥沃”。城镇附近的农民们也发现这个现象，凭经验到城市收集不同的垃圾，如灰烬、皮革厂废料、血块、锉屑、动物的角、碎毛布、焚烧骨头而形成的“骨炭”，乃至泥浆。通过这样系统地给土地补充肥料，到 19 世纪下半叶，佛兰德斯地区的粮食平均产量达到每公顷 22 担。既然这些炭灰等无机肥料都能用，为啥不能利用被称为“鬼火”的白骨中的磷呢？附近的农民们纷纷将滑铁卢和克里米亚战场上遗留的累累白骨收集起来用作磷酸肥。1840 年尤斯图斯·冯·李比希提出“由动植物垃圾构成的厩肥可以被无机肥代替，厩肥播入土壤后就转化成了无机肥”，也就是植物无机养料理论，随后一些无机盐产品，例如酒窖库房或畜栏中的硝石也得到了利用。印度、智利的硝石，北非的磷酸盐等，也得到大量输出，各地无机盐产量迅速提升，推动了当地经济进一步的发展。

一直到1914年，德国每年需要从智利进口八十万吨硝石，但德国在第一次世界大战期间遭受经济封锁而不能获得硝石，农业遭受重创。“山重水复疑无路，柳暗花明又一村”，关键时刻还得靠科技创新。化学家弗里茨·哈伯发明了空气直接制氨的工艺，解决了德国农业对氮肥需求的燃眉之急（见图3-5）。“合成肥料”氨肥效果显著，因此变得非常抢手。第一次世界大战战败后，签订的《凡尔赛和约》中规定：只有战胜国，特别是法国，才能使用哈伯合成法，而发明它的德国人却不能用！科技没有国界，但是科技掌握在谁的手里，就为谁服务。

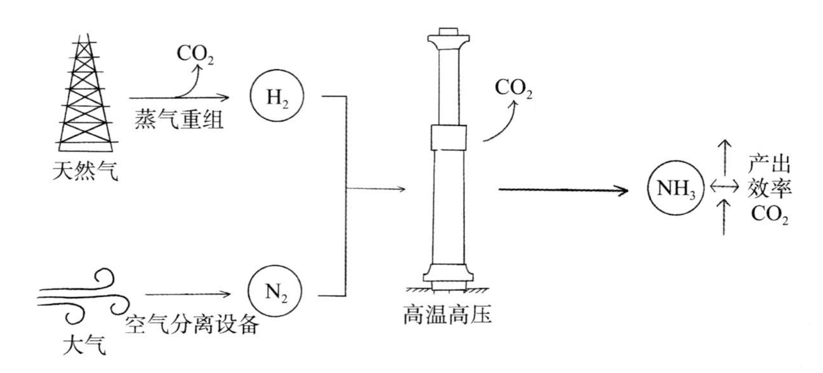

图3-5　哈伯合成氨法

无机化肥方兴未艾，其效果如此显著，开启了农业界里无机肥与有机肥的长期之争。人们发现，单纯的合成肥料主要是氮磷钾肥，虽然短期内能使植物生长快速，但也容易造成土壤肥力不平衡，使得土壤表面干燥板结，易造成水土流失，矿物质缺失。有机肥的腐殖土在生物循环和生态平衡中起到关键作用，可以改善土壤的健康状态，让土壤变得松软透气，有效协调土壤中的水、肥、气、热，这是无机肥无法代替的。农业生产既需要单独肥效作用，更需要腐殖土系统的平衡作用。因此在1940年，英国植物学家艾尔伯特·霍华德在农业圣典(*An Agricultural Testament*)里提出了土壤质量与植物生长和动物健康的关系。

3.2 现代化堆肥新天地

几千年历史证明，堆肥可以将垃圾转化为土壤所需的肥料，为小农经济的发展提供了重要支撑。但如何满足现代社会大量和快速的需求，这又是另一个问题。总的来说就是要求堆肥从粗放式管理向精细化管理方向转变。20世纪末，各类现代堆肥工艺及工程系统相继问世。第二次世界大战后的堆肥则进一步到了快速工业化发展阶段，逐步迈入产业化。

3.2.1 现代堆肥发展史

现代堆肥工艺的发展大致经历了如下过程(见图3-6)。

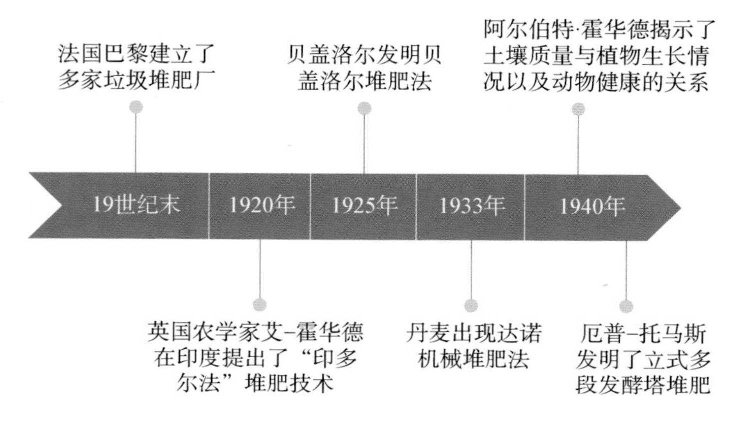

图 3-6 现代堆肥工艺的发展

“印多尔法”(indore)堆肥技术作为较早的现代化工艺，由英国人霍华德(Howard)于 1905—1934 期间在印度创造，该方法虽然概念简单,但却是第一个有组织的现代堆肥方案(见图 3-7)。

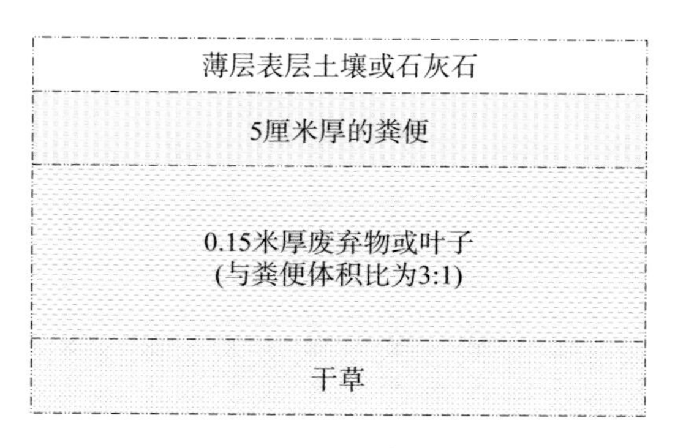

图 3-7 印多尔法

“印多尔法”的主要原理是通过将落叶、垃圾、人类和动物粪尿等材料收集起来，然后在土坑内堆积成约 1.5 米高的土堆。在堆肥的过程中，每隔数月需要翻动土堆 1～2 次，约需六个月左右的时间来形成可用的肥料。这一方法的主要优点在于它有效地解决了堆肥工作中需要维持高温的问题。贝盖洛尔堆肥法是在“印多尔法”的基础上改进的，通过固体废弃物和人粪肥分层交替堆积，并将翻动次数由 1～2 次改为多次，实现了其从纯厌氧向兼氧乃至好氧堆肥的转变。随后机械化进入堆肥系统中，达诺机械堆肥法(见图 3－8)运用卧式回转窑发酵仓进行好氧发酵，显著降低了发酵周期，有效解决了堆肥面临的长周期问题，在 20 世纪 70 年代初最为盛行。那么如何解决设施占地面积大的问题？立式多段发酵塔堆肥方法解决了这一问题(见图 3－9)，其采用多段竖炉发酵仓，然后通过从上至下逐层移动，达到发酵过程中的通风和搅拌强度，从而维持较高的发酵温度和较短的发酵周期(1～3 个月)[14]。

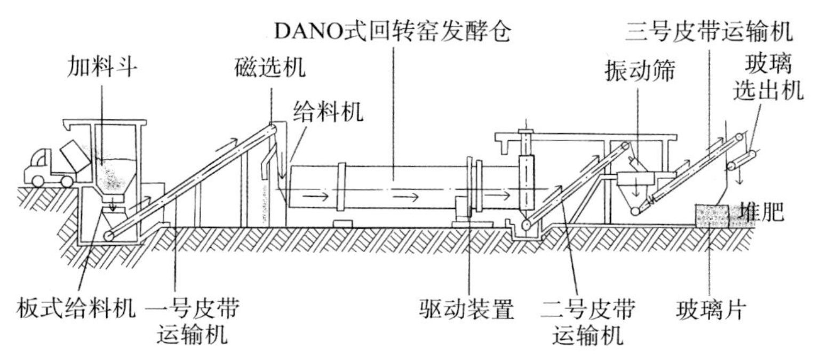

图 3－8　达诺卧式回转窑垃圾堆肥系统流程图

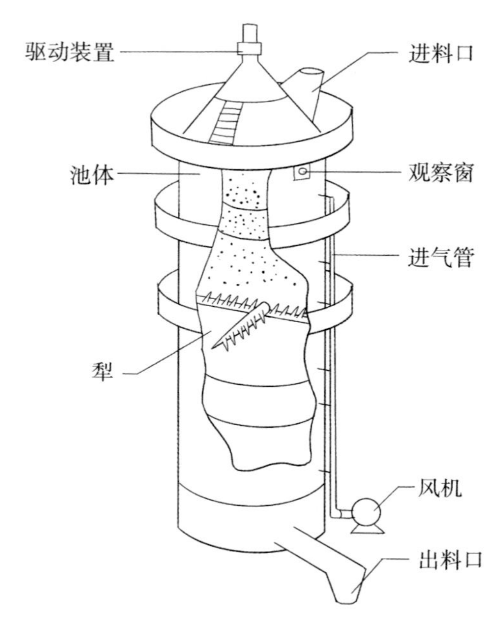

图 3-9　立式多层圆筒式堆肥发酵塔

腐殖土在生物循环和生态平衡中起到了关键作用，如何加速垃圾的腐殖质化，这个时候就需要微生物的作用，同时如果还能加入蚯蚓等其他的小动物，就能把一堆厩肥或是一堆垃圾变成上好的肥料。1880 年，查尔斯·达尔文提出：“蚯蚓是这个世界上最有价值的生灵。成虫能够消化遇到的所有有机物，例如落叶和厩肥。每天吞下相当于自重的东西，而只消化其中的一小部分，其余的都排泄到粪便中去”。蚯蚓通过分解垃圾，促进细菌活动，提高了土壤肥力。而且其繁殖能力极强，一条蚯蚓在一年内可以繁殖两千到三千条小蚯蚓。试问这样一个“宝贝”，有谁会不爱？

有人替蚯蚓做了个广告词：“我没有骨头，没有鼻子，靠着皮肤呼吸，了不起的达尔文把我称为‘地球上最有价值的生物’，和喜欢出风头的家伙们不一样，我是一条独行的蚯蚓，我爱清静，因此我居住在远离市区的乡村。泥土里腐烂的树叶和草根是我的最爱，千万不要认为这些东西腐烂了就没有营养，里面可是含有丰富的有机质，能让我补充所需营养。每种生物体内都有一定数量的碳，而碳在植物中的作用与太阳、二氧化碳相当，是一种非常丰富的养分，我消化之后排出体外的粪便里便含有丰富的碳，是能给植物当作肥料的”。自1950年起，美国人巴雷特开始尝试垃圾中饲养蚯蚓的方法。这种方法只需保持适宜的温度（最佳温度为25℃）、氧气和湿度，蚯蚓就能在垃圾中存活下来。通过大约一个月的时间，垃圾就会转化成为可使用的混合肥料。当然如何将蚯蚓从混合肥料中剥离是个令人头疼的问题。除了蚯蚓之外，一些人还开始使用黑水虻来处理湿垃圾或者厨余垃圾。这种方法的优势在于，黑水虻不仅能生产蛋白质，还能产生可用于堆肥的虫粪。因此，越来越多的低等动物在垃圾处理领域成为研究的热点。其中，苍蝇等昆虫也被发现可以用来处理垃圾。这些昆虫或者虻类在垃圾中找到了适宜的环境和食物来源，它们会在其生命周期中食用有机废物，并将其代谢为有价值的产物，如蛋白质和虫粪。这种方法的发展可

有效地减少垃圾的堆积，使其得到合理利用，有助于环境保护和资源循环利用。因此，研究这类低等动物在垃圾处理中的应用逐渐引起人们的关注。

3.2.2 默默无闻的堆肥——发展的基石

堆肥助力历史上的中华民族长期屹立于世界之巅，在非常时期，堆肥同样发挥了重要作用。如何有效实施持久战是保证抗日战争最终取得胜利的关键。抗战中期随着河北、河南、山东、山西等地沦陷后，陕西关中平原作为农业重要产地，成为军需物资供应的主要基地。1942 年的华北旱灾，以及 1943 年抗日战争由战略相持转为战略反攻，使得如何推进粮食供应成为当时首要问题。1943 年 3 月 25 日，陕西省粮食增产总督导团发布了“寅马”代电：“县长、推广所主任，鉴查现堆肥制造之适当时期，亟应指导农民利用多种材料大量制造，以备夏作农田之施用，除分电外，即转发各乡镇长普遍宣传，切实指导农民大量制造堆肥，以期增加生产，电复备查。”在强有力的措施下，1943 年陕西省共制造堆肥 9 632 堆，总计 402 096 担。如果每亩按最低增产 40 斤计，共增产粮食 67 335 担[15]，这些粮食为当时河南灾民生存和战略反攻做出了重大贡献。

在推广使用堆肥的过程中，农民们发现了一种新的堆肥方法。他们重新启用了兽骨制作肥料的方法，并发现骨粉在蒸制后更容易粉碎和分解。同时，营养成分也得以很好地保留下来。这一发现有效地解决了原有骨粉利用率较低的问题。兽骨作为一种有机废弃物,往往没有得到充分的利用,但通过蒸制兽骨并将其加入堆肥过程中,兽骨的碎化和分解过程加速,从而提高了兽骨肥料的有效性。骨粉中的养分也能够在这个过程中得到保留,进而为作物提供所需的营养元素。这一新的骨粉堆肥方法为农民们提供了一种可行且高效利用兽骨的途径。当时以四川农业改进所为代表的农业科研机构纷纷倡导使用蒸制骨粉。1943 年,农林部为了增加磷肥供给,与江西、浙江、广东、广西、西康(今川西及西藏东部)、湖南、陕西等省联合开办了蒸制骨粉厂,在 30 多处农田实现了不同尝试[15]。可以说,堆肥有力地保障了我国抗战后方的粮食供给。

我国人多地少,当时百废待兴,新中国成立后农业既要满足大家的食物需求,还得支援工业的发展。当时农村主要使用的还是较传统简单的堆肥,用自然土或者是一些农村门前的堆沤垃圾土来混合有机垃圾,再以野积式堆垛覆盖,自然通风或者厌氧发酵;堆肥后采用手工或振动筛筛选,基本自产自用。如果需要增加供给量,就必须加大劳力和肥力投入。城市垃圾是农村堆肥原料的重要来源,据《农业科学通讯》①报道,1954 年上海有近 1/4 垃圾可直接用作堆肥,这种现象一直持续到 20 世纪 80 年代初。上海市的垃圾主要运

① 《农业科学通讯》创刊于 1950 年,1960 年更名为《中国农业科学》。

到苏州市吴江区铜罗镇，当地村民纷纷驾船去装载垃圾当肥料，视垃圾为宝。同样的，南京市计划将垃圾运往江北农村简易堆放，出现了好几个村庄同时争抢垃圾场的现象[16]。对于从城市运来的垃圾，一般采用野烧土粪制农家肥的方法。这种方法是指在春耕和秋耕开始前，将沟塘泥和垃圾混合，再配以农民蓄积的干牛粪与秸秆等一起烧制，焚烧充分后，用锄头将这些土粪敲成粉末状，并剔除杂质，然后将土粪撒在油菜籽、豆类等作物种子上当肥料来使用（见图 3－10）。

图 3－10　施肥后的土地应用

20 世纪 90 年代堆肥技术进入了衰败期，主要原因是垃圾组分变得多样化，特别是塑料、玻璃等成分的增多，源头无法分离，造成了后续垃圾堆肥的梦魇。相比有机肥，无机肥卫生条件好，价格低廉，且化肥见效快，可以加速庄稼生长，不像农家肥还需要堆肥一定时间才能使用，进一步挤压了有机肥的市场空间，21 世纪初期混合垃圾堆肥厂纷纷倒闭[17]。

3.3 堆肥在未来

动植物将营养从土壤中带出，随农产品销售远离故土，然后变成有机垃圾，它们能否重新回归土壤成为生态系统平衡的关键。这些组分大部分来源于土壤生长，其处理既关系到垃圾安全，更关系到土壤的养分平衡。一般来说，单纯的无机肥添加虽然能够促进庄稼的快速生长，但对于土壤的结构和组分仍然会造成严重影响。土壤除了需要化肥，还需要将有机部分回归，特别是含氮、磷、钾的有机物。一般认为，健康的土壤状态需要达到 50%的物质返还率，而我国有机肥的回用率持续走低，从 20 世纪 80 年代的 80%下降到现在的不到 20%，这是目前土壤安全面临的主要难题。

有机肥回归既可以是小规模的应用，也可以是大规模的工业化。比如，有一些地方就充分利用"堆肥花园"来实现部分厨余垃圾回归土壤。郑州尝试将居民社区打造成一个多元生态花园。在社区内，通过一定规模的园林废弃物及厨余垃圾的堆肥，可用于社区花草树木的培育。实际上，在家里面就能轻松实现堆肥，需要准备两样物质，首先是棕色物质，一般包括干树叶、木屑、稻草、撕碎的报纸、硬纸板等，它们不仅能为堆肥提供碳的来源，而且还能疏松堆肥物质以利于空气的进入；其次为果皮菜叶、杂草等绿色物质，它们可以为堆肥提供氮源。将以上两类物质按照一定比例混合就形成了一个简易版家庭堆肥。

堆肥的大规模工业化应用不仅可以让磷重新进入土壤（有机废物的磷含量甚至多于每年的磷肥使用量），还可以增加土壤中的有机碳含量，提升土壤有机质含量，粮食的稳产性能提高10%～20%[18]。堆肥回归还有利于土壤病害的控制。美国俄亥俄大学研究发现，堆肥处理后的有机质对土壤真菌病毒具有显著的抑制作用。中国农业大学曲周实验站通过连续十年的长周期施肥，发现其确实能显著控制土传病害。堆肥通过模拟自然界物质循环机制，从叶落归根拓展到物归自然，实现养分循环利用。庄稼一枝花，全靠肥当家。肥料是农业的基础，无氮不生长、无磷难成花、无钾不上色、无硼难坐果、缺钙裂果多的歌谣更是实践中出的真知。

堆肥是城乡生态循环的基础，因为农村能够将高质量的有机垃圾转化为肥料，这些肥料可以投入农业生产系统。随着时间的推移，这些肥料将被农作物吸收，并最终以农产品的形式返回城市。城市居民会消费这些农产品，而在这个过程中产生的新垃圾又可以被农村用于制肥。这种循环不断重复，建立了城市和乡村之间的良好生态循环体系（见图3-11）。如何保证有机垃圾的高质量成为垃圾分类的重要目标，通过在源头进行有效分类，我们可以确保堆肥原料的纯

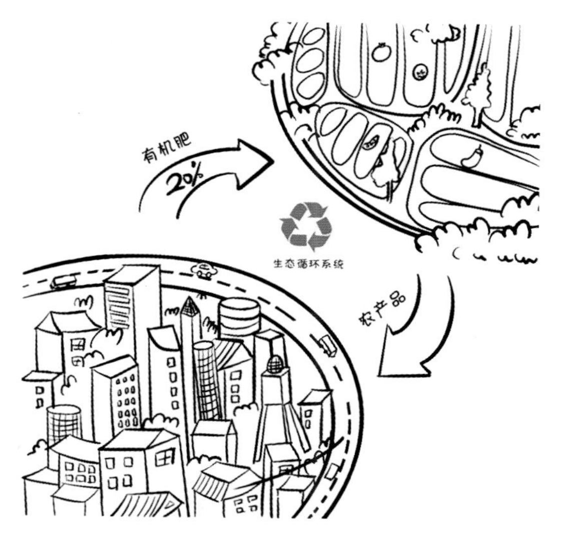

图 3－11　生态循环流程图

度，从而提升堆肥的质量。这不仅有助于改善堆肥产品的质量，还有助于更有效地利用土地资源。堆肥的使用有利于自然界微生物对污染物进行转化、转移和降解，对于退化土壤改良、农田健康维护、污染土壤修复有着重要作用。期望经过我们的不懈努力，能让城市不再遭受“垃圾围城”之苦，让土壤重新充满生机！

第4章

垃圾余烬的财富

人尽其才，物尽其用。——《道德经》

作为一个以效率为首要目标的工商业集聚中心，城市不断产生垃圾。即使这些垃圾经过前期的回收和堆肥处理，仍会留下一些残余物。这些残余物中蕴含着大量化学能量，因此值得进一步考虑如何进行能量回收，以实现资源的最大化利用。

人类区别于动物的最重要标志之一，除了具备使用工具的能力，还包括对火的理解与运用。火被视为一种神奇的"宝物"，它不仅能够提供温暖和照明，还能够驱赶猛兽。聪明的原始人发现了通过石头摩擦的方式来点燃火源，从而开启了人类自由掌控火的时代。火，除了用于烹饪食物和提供温暖之外，还在古代被用于垃圾处理。在各个地区，可以找到人类活动遗留下的火堆遗迹。古代以色列人也采用了一种垃圾处理方式，大约在公元前 1000 年左右，他们将城市垃圾运送到河边进行焚烧，而焚烧后的灰烬则撒在附近的墓地上或散布在伯利恒地区。在旧约时代，耶路撒冷的居民还善用自然产生的天然气口来进行垃圾焚烧。这些实践不仅有助于减少废物的积累，还能够将垃圾中的有机物质转化为有用的灰烬。这一古老的垃圾处理方式展示了人类智慧的一面，同时也为现代社会提供了一种可借鉴的思路，以更环保和高效的方式进行能源回收和垃圾处理。

4.1 垃圾到灰烬的奇遇

中国城市化进程发展迅猛，生活垃圾无害化处理工作意义重大。垃圾处理要符合减量化、无害化、资源化原则。堆肥因含有重金属、肥效不明显等原因很难为市场所接受；填埋需要占用大量的土地，且资源不能回收利用；焚烧法因具有实现垃圾快速减量和热能回收利用等优点，已经成为我国处理生活垃圾的主导方法。

4.1.1 垃圾焚烧之争

作为一种通用的垃圾处理技术，垃圾焚烧不仅能有效地消灭危险物质如病菌，而且具有较高的减量化和减容效率，可达到 70%～90%，甚至更高（见图 4-1）。在处理过程中，由于燃烧破坏了物质之间的化学键，因此能释放化学能，用于生产热水和电能，因此被归类为“废物化能”（waste to

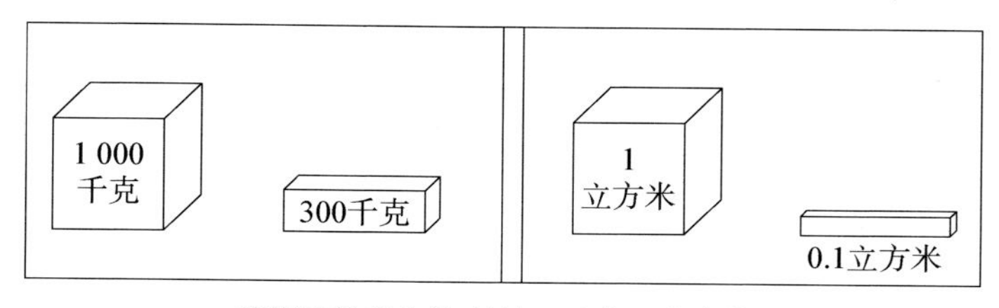

焚烧固体残余物(炉渣、飞灰、盐类物)
1 000千克垃圾变成了300千克固体残余物
1立方米垃圾变成了0.1立方米固体残余物

图 4-1　焚烧的减量率和减容率效果

图 4-2 垃圾焚烧的三个决定性因素

energy)的范畴。

垃圾焚烧是人类的自发行为，其原理并不复杂，与普通燃烧如出一辙，效果好坏主要受三因素影响：可燃物质(有机垃圾)、氧化剂(空气)、着火点，三者缺一不可(见图 4-2)。

垃圾焚烧起始于 19 世纪的欧洲。1874 年，世界第一座都市露天焚化厂在英国诺丁汉建立；此后，1885 年，美国陆军在纽约市建立第一座美式焚烧厂；1893 年，巴黎附近的查维勒建立了法国第一座垃圾焚烧炉。当然，这些仍是垃圾焚烧的起步阶段，只不过从原来的分散焚烧变成了相对集中的焚烧。

垃圾焚烧之初，大家还没有太多关注其带来的环境污染，还在关注垃圾本身，因为很多时候，垃圾仍是农民眼中的宝贝，希望其回归土壤。那么，垃圾到底首先是肥料还是垃圾？这引起了卫生学家和农业学家的大辩论(见图 4-3)。

卫生学家们认为，焚烧有很好的净化作用，能将所有病菌、微生物一并杀灭。农业学家们认为，将这么多大自然赐予的物质付之一炬，会导致大量有机肥白白流失。在这个拉锯战初期，垃圾还是更多地被当作资源来考虑。法国甚至直接规定，要求垃圾焚烧从农业受益点出发。但随着垃圾组分

图 4-3　卫生学家和农业学家基于垃圾焚烧受益点的大辩论

越来越复杂，其垃圾属性不断得到强化。1906 年，法国准许了家庭垃圾的焚烧，但当时法律条文特别强调了只允许焚烧无人征收的垃圾。

垃圾焚烧的推进很多时候依靠卫生学家的宣传和帮助，要让民众认识到，消除垃圾是社会的基本要求，就像维护公共健康一样。不消除垃圾的后果夸张地说甚至会导致城市和垃圾之间达到重量平衡（见图 4-4）。垃圾问题是导致流行病、传染病疫情的重要载体，而高温焚烧可消灭微生物和病毒，这一优势又推动了垃圾焚烧的发展。

图 4-4　垃圾和城市发展的平衡关系

4.1.2 垃圾焚烧模式

垃圾焚烧厂通常被称为“某某发电厂”或者“某某生物质能源厂”，主要功能是通过高温焚烧过程破坏物质之间的化学键，从而释放出化学能。随后，这些释放出的能量会被捕获并用于电能和热能的生产。现代化的垃圾焚烧不仅致力于垃圾处理，而且高度关注控制二次污染，同时也追求多次回收能源的目标，以确保焚烧过程的稳定、安全，以及物质的再利用。然而，垃圾焚烧工艺的发展并不是一帆风顺的，它经历了工业革命后各种机械方法和自动控制技术的进步，才逐渐步入快速发展的轨道。现代垃圾焚烧厂通过一系列工艺步骤来有效处理垃圾，包括对垃圾进行必要的预处理以满足进炉要求，构建适用的炉膛燃烧垃圾，以及有效处理产生的烟气和沥出的废水。这些创新和努力共同成就了现代垃圾焚烧体系。

在垃圾进入焚烧体系之前，首先需要使用锋利的鳄鱼式抓斗将不均匀的垃圾破碎并搅拌均匀。然后，将处理后的垃圾输送到焚烧炉膛内，在大量鼓风的作用下，确保垃圾能够完全燃烧。这个过程利用锅炉产生水蒸气，用于发电。为了控制污染物的排放，类似于巫师使用神秘药剂一样，人们需要通过添加一些特殊化学物质将空气中的污染物捕捉下来。接下来，通过布袋除尘器有效地收集这些灰尘，并通过烟囱排放（见图 4－5）。

图 4-5　垃圾焚烧的模型图

如果打开一个现代化垃圾焚烧发电厂的外壳，大致可以看到以下情景（见图 4-6）：垃圾从左侧进入卸料大厅，然后

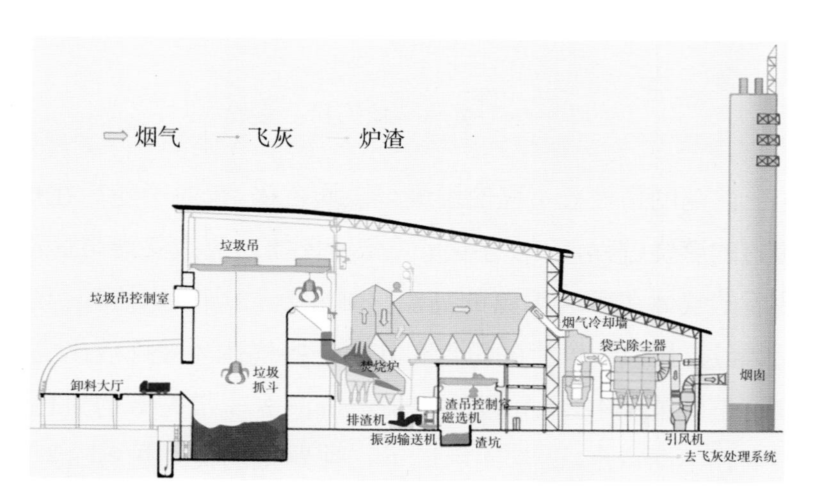

图 4-6　现代化的垃圾焚烧厂

由垃圾抓斗抓取并输送到焚烧炉中，统一焚烧处理。从垃圾进入焚烧炉到最终成为炉渣，大约需要 2 小时的时间。生成的炉渣会通过排渣机、振动输送机、磁选机和渣吊进入渣坑。为了确保产生的烟气在焚烧炉内得到适当处理，烟气需要在炉膛的高温区停留至少 2 秒以上。这个高温区的温度要求在 850℃以上，这个温度可以有效破坏有机物，同时也使得一些金属如铝、镁、铅等融化。之后，烟气经过烟气冷却塔和袋式除尘器进行除尘处理，最终通过烟囱排放。

总结来说，整个焚烧的主体过程可以分成三段，如图 4 - 7 所示。

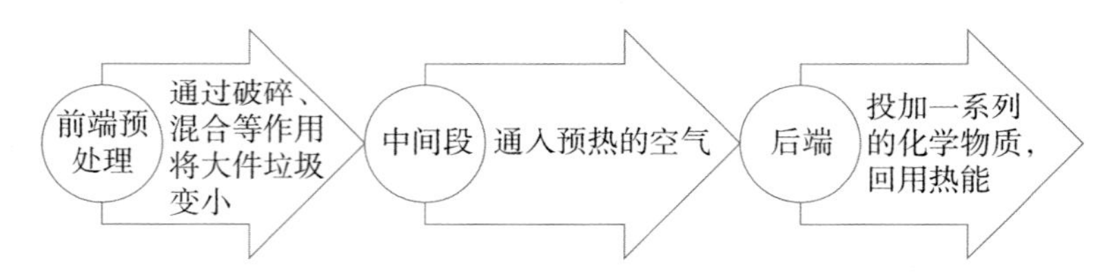

图 4 - 7　焚烧三段流程示意图

前端的预处理工程使垃圾得以均质化，有助于随后在炉膛内的燃烧过程，同时与中间部分通入的预热空气混合。混合后的气体在后端炉膛的高温区域实现燃烧产生热量。最后，经过处理后，产生的粉尘和其他一些气体才被排放出去。在这整个过程中，中间段的焚烧炉扮演着非常关键的角色。根据其不同特点，通常使用以下三种典型的焚烧炉：炉排型炉、流化床和回转窑。

炉排炉适合不均质垃圾，如混合的生活垃圾。垃圾进入炉排系统后，通过炉排的前后不断运动，使得垃圾相对均匀地铺设在炉排中并整体往前运动，再往下端供空气混合，达到燃烧所需要的条件，随后形成的热解气会在二燃室得到充分燃烧（见图 4－8）。

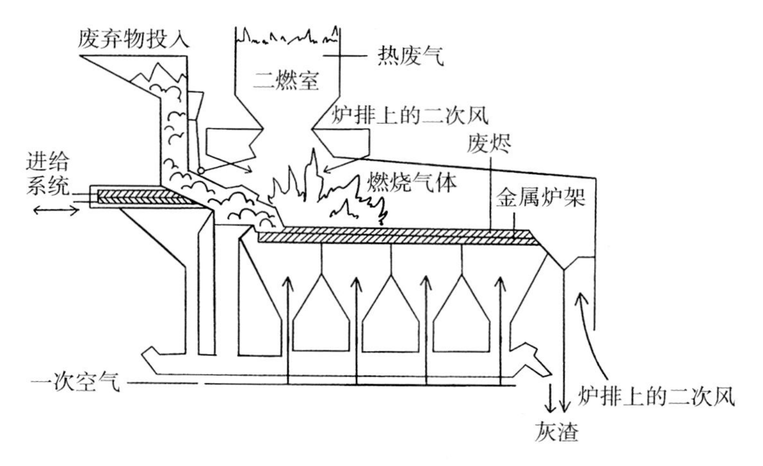

图 4－8　炉排炉

顾名思义，流化床就是通过在炉膛内创造流态化条件，使垃圾在其中以流动的形式存在，这样一来，垃圾能够更迅速地与炉内的热载体混合，从而实现更高效的燃烧过程。相对于传统的炉排炉而言，流化床的燃烧状态更为优越，且更为充分（见图 4－9）。为了保证炉膛内的物质充分流态化，进入流化床的垃圾应该是相对均质、小尺寸的垃圾，如污泥等。

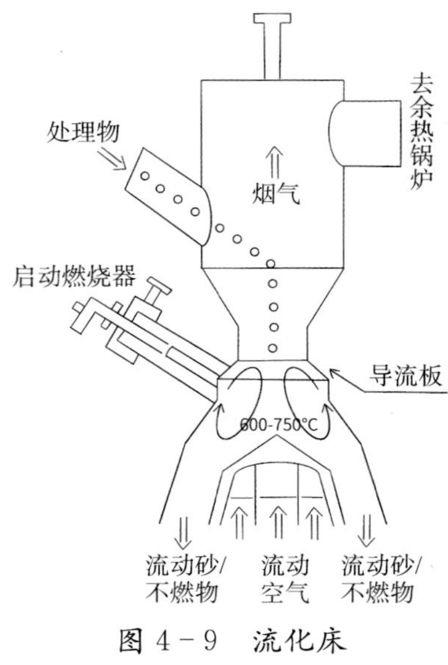

图 4－9 流化床

回转窑运行一般较为稳定，燃烧温度较高，适合处理需要焚烧较为充分的垃圾，如危险废物等（危险废物就是指那些有毒有害的物质，一般包括腐蚀性、感染性、反应性、有毒性、爆炸性等一种或者多种属性），具体通过筒体的旋转将垃圾往前送并具有良好的焚烧效果（见图 4－10）。

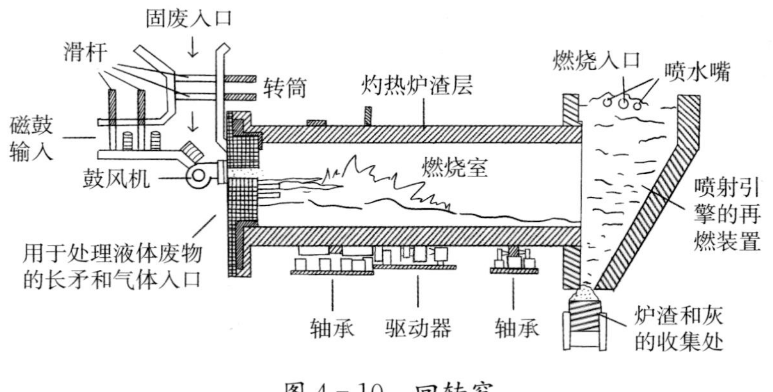

图 4－10 回转窑

尽管垃圾焚烧过程是通过火焰来将垃圾分解，但为了确保垃圾能够被无害化分解，必须根据垃圾的不同组分来选择合适的焚烧方法。

4.2 现代焚烧之路

作为垃圾资源化处理的必由路径之一和垃圾减量处理的最优手段之一，垃圾焚烧在国际社会普遍予以采用，并且不断为大众所接受。然而，由于垃圾数量和种类的持续增多以及对于焚烧二次污染控制要求的提升，垃圾焚烧技术和设施的发展也要与时俱进。

4.2.1 焚烧发展漫漫征途

在 1896 年和 1898 年，德国的汉堡和法国的巴黎相继建立了较为系统的现代化生活垃圾焚烧厂。汉堡垃圾焚烧厂(见图 4－11)被誉为世界上第一座城市生活垃圾焚烧厂。这一创举得益于工业革命成果的应用，使得垃圾焚烧技术的工程应用成为可能[19]。

与此同时，美国的垃圾焚烧厂也得到迅速的发展。1905 年，纽约建成了美国的第一座垃圾焚烧厂(见图 4－12)。为了充分利用余热资源，美国人开始在居住楼内进行垃圾焚烧，将产生的余热用于烘干衣物和楼内供热等用途。这一创新让人们能够在不离开家的情况下处理垃圾。然而，垃圾焚烧产生的烟气中含有一些有害物质，又使之难以持续。这种情况一直延续到 20 世纪 50 年代。受到环境问题的关注以及卫生填埋场的竞争影响，随着时间的推移，美国的各大城

图 4－11　1896 年汉堡垃圾焚烧厂

图 4－12　1905 年纽约的焚烧厂

市陆续关闭了垃圾焚烧厂。特别是在1967年通过的“空气质量法”和1970年通过的“清洁空气法”的影响下，垃圾焚烧受到了更大的限制，这成为压倒焚烧厂的最后一根稻草。因此，与欧洲不同，美国的垃圾处理方式发展并不迅速。从此以后，垃圾焚烧的争议逐渐从垃圾是资源还是废物的属性争论，演变为关注焚烧过程中产生的不同二次污染物的毒性以及人类的承受能力问题。

4.2.2 焚烧技术群雄逐鹿

面对城市的巨量垃圾，焚烧成为垃圾无害化处理的重要选择。我国现代化垃圾焚烧的起步可以追溯到上海租界引进的先进技术。自20世纪20年代开始，公共租界内的城市建设迅猛发展。那个时候，主要的垃圾处理方式是将垃圾运送到低洼地区，然后直接进行填埋。特别是在黄浦江上游的地区，有一个名叫龙华池的填埋场，垃圾会在那里被卸下，然后覆盖上一层泥土或煤灰（渣），再喷洒药水以控制蚊蝇的滋生。有一部分商人为了逐利甚至在没有监管部门负责监察的情况下，直接把船上的垃圾排入黄浦江，污染了水域。为了解决垃圾问题，1928年江海关（上海海关原名）理船厅召集公共租界工部局和法租界公董局的工程处长、华界上海特别市卫生局长和工务局长和浚浦局总工程师，一起推进将租界的垃圾进行焚烧处理。当时最畅销的焚烧炉是德国西门子制造的伯米尔牌焚烧炉和伊非洛牌焚烧炉，为此在1930年3

月，他们批准在槟榔路（现安远路）、茂海路（现海门路）分别建一座焚烧厂，并于 1932 年 12 月建成投产。1936 年后，焚烧厂因为垃圾热值不高，达不到燃烧效率问题被迫停止使用，一直到 1950 年，这两个厂焚烧炉都还能用，但是因经济原因再未启用。

改革开放后，随着焚烧技术的发展，垃圾热值低、垃圾焚烧效率低的问题也得到解决。深圳是"第一个吃螃蟹的人"，它率先引进日本的马丁炉技术，成功实现了高效垃圾焚烧。在经过仔细地调试后，这项技术被安全、有效地投入使用，深圳就是这样，用超前发展的眼光在全国率先布局垃圾焚烧发电之路。在 2000 年前后，一大堆国内环保企业投身到焚烧技术中，通过引进、消化、吸收和创新，慢慢适应了国内这种低热值、高水分垃圾的焚烧技术和工艺，为焚烧技术在我国的应用开辟了道路。

随后垃圾焚烧主要聚焦于自主研发，有的是锅炉厂直接转型，有的则吸收消纳后再创新。目前我国的焚烧技术已经实现超大规模焚烧性能，满足不同混杂程度垃圾的焚烧处理，并大规模出海。其中温州市东庄垃圾焚烧发电厂的建立是国产化垃圾焚烧处理技术与设施发展的重要里程碑，其采用国产半干法加布袋除尘器烟气净化系统，按照当时国际上现代化垃圾焚烧处理技术原理和工艺配置模式运行。垃圾焚烧是一条涅槃之路、重生之路。尽管我国垃圾焚烧处理技术与设施建设发展起步较晚，但通过二十余年的不懈努力，正慢慢成为重要的出口产品。

4.3 焚烧双刃剑

焚烧技术的发展一路狂奔，虽然为城市快速解决垃圾问题带来了便利，但也带来了一些问题。大家都不愿意垃圾焚烧厂在自家周边出现，该类现象称为“NIMBY”（not in my backyard，不要在我家后院）。近年来，反对垃圾焚烧项目建设的事件也从国外传到国内，从广东番禺到贵阳，从北京到南京，从江苏吴江到深圳，一波未平一波又起，反焚烧事件成为热点。在美国，有研究所对美国垃圾焚烧问题剖析，并发布报告称“焚烧厂是环境不公平的典型案例”。

焚烧让人如此爱恨交加，甚至形成了全球焚烧替代联盟（GAIA）。在 1971 年，东京都杉并区反对垃圾焚烧设施的建设，导致拥有填埋场的东京都江东区拒绝接收杉并区排放的垃圾，引发了社会问题。类似的情况也在中国出现，自 2006 年以来，包括北京、上海、广州、南京、武汉、杭州等地都发生了较大规模的“公众围绕垃圾问题展开的争议”，每年发生数十次的群体事件。尤其是在 2009 年，番禺垃圾焚烧厂问题成为中国垃圾焚烧厂建设过程中“邻避效应”（NIMBY）问题的关键点。实际上，许多时候，垃圾焚烧成为群体事件的主要原因仍然是程序不合规导致的。在垃圾处理设施的建设与否、搬迁与否、选择新能源设施还是垃圾焚烧厂等问题上，民众和政府一直在博弈中。这些争议凸显了垃圾处理领域的复杂性和政策制定的挑战，需要综合考虑环境、健康、社会和经济等多个因素，以找到可行的解决方案。

图 4-13　焚烧黑烟

深入研究后，可以发现周围居民反对焚烧的主要原因包括以下几点：①担心不可控的风险：居民担心焚烧过程中可能会产生大量烟气（见图 4-13），这种情况会使他们感到担忧，因为烟气中可能含有有害物质。这种不确定性和风险是焚烧设施所面临的主要反对声音之一。②危险废物处理难题：焚烧过程中产生大量的危险废物，其中的飞灰处理成为一个难题。这些废物的处理和处置问题可能会引发环境和健康上的担忧，从而激起居民的反感。③恶臭问题：垃圾收运过程中可能会产生严重的恶臭，这会令周边居民感到非常不快。恶臭对居住环境和生活质量造成了负面影响，因此居民普遍对此表示反感。④媒体负面报道：媒体经常对焚烧进行负面报道，比如将焚烧列为二噁英的主要排放源。这些报道可能会导致公众对焚烧持有不利看法，甚至将其视为环境污染的代名词。

总的来说，大部分居民既讨厌闻到的臭味、看到的烟，也担心无法察觉的二噁英以及在焚烧过程中产生的飞灰。因此，我们需要深入探讨这些问题的真实性以及可能的解决办法，以平衡垃圾焚烧的环境、健康和社会影响。

4.3.1 二噁英

作为《斯德哥尔摩公约》中首批禁用的“12类污染物”之一，二噁英是其中毒性最强的污染物，其毒性是氰化钾(KCN)的1 000倍，只需要28.35克，就足以让100万人死亡。那二噁英究竟是什么类型物质，会带来怎样的危害呢？

二噁英是指很多相似的包含众多同类物或异构体的两大类物质的总称，共包含210种有机化合物，主要是以4～8个氯原子的同分异构体多氯代二苯(PCDDs)和多氯二苯并呋喃(PCDFs)(见图4-14)为主。根据氯原子不同位置，构成了75种PCDD异构体和135种PCDF的异构体，其中又以2,3,7,8-四氯代二苯-并-对二噁英(2,3,7,8-TCDD)毒性最大，一般以此为标准参照物来表征不同类别二噁英的当量毒性。除了毒性大，二噁英还能通过食物链的生物放大作用而向上端累积，浓缩在肉类与乳制品中，也就是说，高级别食物链中二噁英浓度更高。

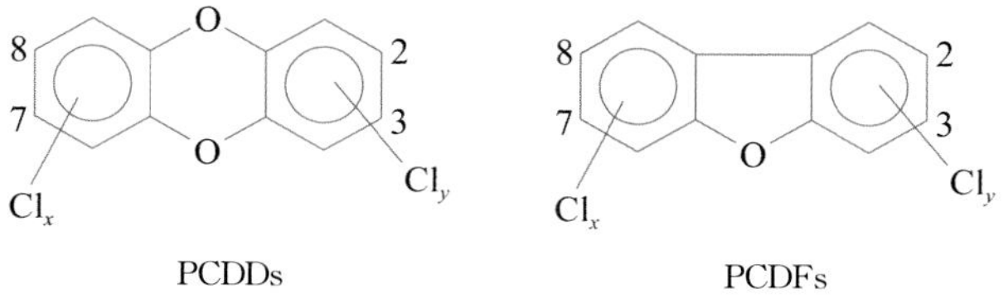

O 8 2 7 3 O Cl_x Cl_y
PCDDs

8 2 7 3 O Cl_x Cl_y
PCDFs

图4-14 同分异构体PCDDs与PCDFs的结构

二噁英并不是垃圾焚烧厂特有的公害，它是一种氯取代的有机物，当有机物与氯一起加热就可能会产生，是一种比较普遍的化学物质，广泛存在于日常生活中。呼吸的空气，吃的肉、奶、蛋、鱼，以及用到的油、米、调味品等，都可能存在极少量的二噁英。英美两国的研究发现（见图 4－15）：通过

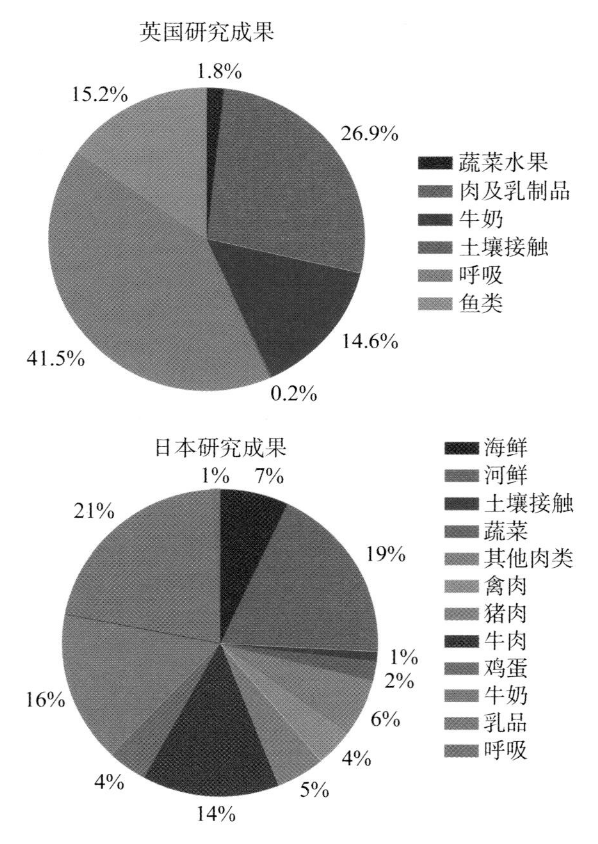

图 4－15　英日两国对人类摄入二噁英的来源调研结果

（资料来源：公众号"环境论评"）

膳食进入人体的二噁英约占总摄入量的98%以上，而呼吸摄入的二噁英不足1%。所以，病从口入啊！大家记得管住嘴，迈开腿，这样才有利于身体健康。

二噁英一般是因为物质不完全燃烧产生的，在钢铁冶炼、有色金属冶炼、汽车尾气排放、一般的低温（300～400℃）焚烧（包括医药废水焚烧、化工厂废物焚烧、生活垃圾焚烧、燃煤电厂煤炭燃烧）等都容易产生二噁英。在垃圾焚烧早期，如1930年，燃烧控制和烟气净化系统还不尽完善，导致焚烧过程产生大量的二噁英，而烟气净化系统又不能有效地将二噁英“消灭”掉，反而还会使其排放量增加。在这样的背景下，反焚烧的呼声愈演愈烈。网络上充斥着各种数据，也有很多人喜欢将露天焚烧与现代化焚烧产生的污染物等同对待。实际上，露天垃圾焚烧，其产生的二噁英是现代化垃圾焚烧炉排放的二噁英的2 000～3 000倍，而且还包括其他的有害污染物，例如人们熟知的苯、丙酮、多环芳烃、氯苯、二噁英、呋喃、多氯联苯、PM_{10}、$PM_{2.5}$、挥发性有机化合物等。

那正常的垃圾焚烧是否会排放大量的二噁英呢？有专家专门研究了垃圾焚烧与人类健康之间的关系，美国国家研究理事会的《废弃物焚化与公众健康》报告显示，通过训练有素的员工的规范化操作，现代化焚化设施可以将对公众健康的影响降至最低。没有研究能够在垃圾焚化处理与人类疾病之间建立必然联系。多个权威研究结果显示，随着现代化烟气处理系统和垃圾焚烧设施的发展，焚烧厂更像是二噁英的消减器，通过前端的垃圾分类收集，使得焚烧厂垃圾能充分燃烧，燃烧温度稳定在850℃以上，能有效控制源头二噁英排放量，再加上烟气控制中的极冷装置和吸附工艺，垃圾焚烧对于二噁英排放的削减率可超过99%，甚至达到99.99%。

4.3.2 飞灰

飞灰是垃圾高温焚烧过程所产生的烟气灰分中的细微固体颗粒物，包含大量的氯元素、高温挥发的重金属和一些二噁英类的物质，是一种以无机物为主的混合物（见图4-16）。作为典型的危险废物，其出路一直是个问题，且进出口也受较大的限制。

图 4-16 飞灰的扫描电镜图

在 1986 年 9 月,美国费城面临着处理焚烧产生的 1.6 吨飞灰的问题,他们采取了一种引人注目的方式来处理这些飞灰。他们找来一艘来自利比亚的货轮,自行出海,开启了一场名为"寻找垃圾场之旅"的冒险。原计划的航向是巴哈马,但巴哈马政府拒绝了货轮入港。最终,货轮在海上漂荡了两年,才在海地找到了一个可倾倒飞灰的地点。然而,当卸货时,他们发现大部分飞灰已经不翼而飞,这给整片海域带来了严重的污染问题。随着《控制危险废料越境转移及其处置巴塞尔公约》的发布和实施,明确规定了不允许跨境处理飞灰,因此大部分飞灰只能在本地进行固化后再填埋处理。随着飞灰产量的不断增加,人们开始探索飞灰的无害化处理甚至资源化利用路径。一些处理技术已经得到了一定程度的尝试,包括熔融玻璃化、高温烧结法、低温热处理、机械化学破坏法和水热法等。由于飞灰具有类似火山灰的特性,因此可以从以下角度进行研究:首先,飞灰与水泥具有相似的化学成分，因此可以用作替代生产水泥的部分原料，或者可以直接使用水泥作为固化剂来固化飞灰中的重金属。第二，使用飞灰作为熟料制成的水泥不会影响其凝结时间、稳定性和抗折强度，但随着飞灰掺量的增加，抗压强度可能会降低。此外，飞灰还可以与废玻璃、污泥等固废混合烧结，制备成陶粒，可用于建筑、绿化、饮食卫生等领域的材料。第三，飞灰还可以替代部分细集料，用于沥青浆料，或者可以通过高温熔融后制备微晶玻璃。这些方法可以有效地处理和利用飞灰，减少其对环境的负面影响。

4.3.3 烟气

实际上如果细究烟气排放标准，大家是可以放心的，随着指标的日益严苛，正常条件下烟气中污染物的排放微乎其微(见表 4－1)。

表 4－1 烟气排放标准

年代	烟气污染控制技术	烟尘	HCl	SO_2	NO_x	CO	Hg	PCDD/PCDF
1900	无	5 000	1 000	500	300	1 000	0.5	
<1970	旋风除尘	500	1 000	500	300	1 000	0.5	
1970—1980	静电除尘	100	1 000	500	300	500	0.5	
1980—1990	静电＋烟气污染控制技术	50	100	200	300	100	0.2	10

续 表

年代	烟气污染控制技术	烟尘	HCl	SO_2	NO_x	CO	Hg	PCDD/PCDF
1990 后	最好的烟气污染控制技术	<10	<10	<50	<100	<10	0.05	<0.1

（资料来源：《Studies in Environmental Science Municipal Solid Waste Incinerator Residues》1997）

4.4 垃圾也可以“变戏法”

垃圾的燃烧是一个放热反应，其中产生的大量热能可以转化为高温蒸气和电能供我们利用。因此焚烧系统也被称为“废弃物—能源转化设施”，当能源危机来临时，焚烧能绝地反击。

能源回收设施和系统的污染防治设备是焚烧系统的两个主要组成部分，其中烟气的防治和控制系统较为冗长，一方面能够有效控制大量烟气使之达标排放，另一方面则能够充分回收化学能，1 吨进炉垃圾的发电量可达 400 千瓦时左右，而良好充分的燃烧是保证其能源回收的关键所在。为了提升能量回收效率，提升垃圾品质是另一种值得探究的方法。垃圾从非标物质变成标准化物质成为重点，比如垃圾衍生燃料设施(refuse derived fuel facility, RDF)，其作用是解决垃圾焚烧过程中烟气里面的有毒物质以及一些不规则的布条、树枝等对进料的影响，同时减少垃圾中的水分，使得垃圾易保存，达到“防霉变、降毒物、中和烟气、标准化”等效果。RDF 生产（见图 4－17）一般是在垃圾分选、分类后，经过一定程序充分混合后加工成燃料，达到一定标准后用于热电厂燃料的替代品。与传统燃料相比，RDF 生产的燃料有能量密度高、粉尘浓度低、污染物排放可控、运输和储藏成本低廉、尺寸标准以及组成统一等优势，这样一来，RDF 燃料就跟煤一样，方便且易于实现自动化，同时具有燃烧残留物少和燃烧效率高等特点。

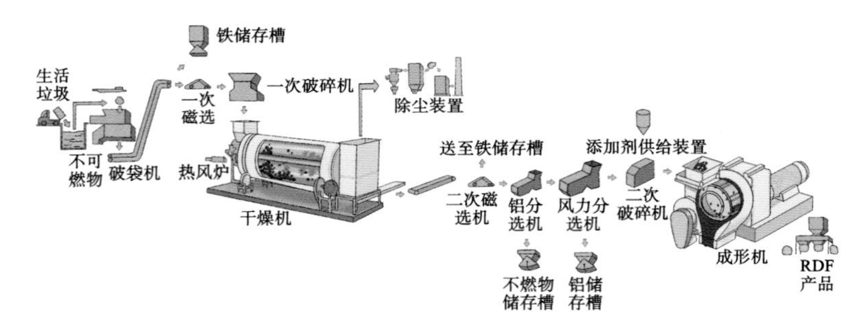

图 4－17　RDF 生产过程

由于种种因素的限制，目前垃圾焚烧仍然是我国最有效的垃圾无害化处理方式。尽管垃圾的“戏法”可能会让社会产生“焚烧依赖”，但探索“垃圾减量”和“垃圾分类处理”等更加环保的生活方式才是最终的目标。从抓狂到习惯，从迷茫到熟悉，需要我们进一步的努力。

第5章

垃圾旅行终点站

物质是永恒不灭的，人类消耗的物质最终都将以垃圾形式存在。除了现阶段能回用的，剩余无法利用的总要找一个去处。人类与垃圾的纠缠在历史中始终存在，想要了解和认识历史，除了书本记载，很多实物证据可能就存放在这些垃圾坑里。最早的人类活动轨迹是什么时候？浙江余姚三七市镇三七市村在打地基盖新厂房钻孔时，带上来的泥芯中居然发现了贝壳、动物骨骼、陶片……由此引起了考古学家的注意，这些类似于贝冢的史前贝丘遗址——井头山遗址，它的横空出世，直接将人类活动时间拉回到了8 000多年前，比之前的发现提早了1 000多年。在这个贝冢里，我们依然可以看到8 000年前的井头山先民实践着“垃圾分类”的智慧，将吃完的贝壳都聚集在一起摆放。荷马史诗《伊利亚特》记载的“特洛伊木马计划”发生地——特洛伊城，一直到19世纪这个古城的存在才被证实，在德国考古学家海因里希·舍里曼耗费近二十年的挖掘工作中，揭示了特洛伊城拥有多个不同历史时期的层次，每一层次都代表着不同的历史发展阶段，而这些层次可能就是不同时期遗留的物质以及垃圾所累积的。当地居民习惯性地直接堆存垃圾，导致城市垃圾越堆越高，再加上希腊联军的摧毁，最终导致特洛伊城消失在历史的长河中。然而，这些历史遗留下来的垃圾物料等却成了考古学家眼里的金矿。

除了无意识的垃圾丢弃，人类的祖先也有意识地采取减少垃圾影响的措施。大约在 5 000 年前，古希腊克里特岛上的居民开始采取一种有序的垃圾处理方式。他们会在居住地周围挖坑，然后将垃圾逐层埋入坑中，并在垃圾上方铺上泥土，这成为后来经典垃圾填埋法的起点。公元前 1600 年起，犹太人开始提倡将废弃物埋在远离住宅区的地方，这些做法为填埋处理方法的雏形奠定了基础。当然，在中国的历史中，由于传统的农家肥料制作方法，有机垃圾通常会首选用于农田，而不是进行填埋处理。这表明人类在古代已经认识到垃圾处理的必要性，并尝试采取措施来降低对环境的负面影响。这些早期的实践为现代垃圾管理方法的发展提供了有益的经验教训。

5.1 填埋场的秘密

填埋场应该是符合卫生要求的，通常我们称之为卫生填埋场，即需要在运作过程中注重卫生。现代意义上的填埋场起源于 20 世纪初期，由两位英国人，卡尔与道斯，采取了一系列措施来减少地下水污染，并制定了正规的公共垃圾场管理法规。历史学家梅诺西认为，早在 1904 年，美国伊利诺伊州就已经开始了现代化的填埋实践。然而，无论如何，卫生填埋场的概念和管理方法至今不过 100 多年的历史。这种管理方法的出现主要源于人们对细菌、病毒等微生物有了新的认识。大约在 1890 年前后，以法国细菌学家路易斯·巴斯德（Louis Pasteur）和德国细菌学家罗伯特·科克（Robert Koch）的研究为基础，微生物学开始崭露头角，这使人们逐渐了解了欧洲传染病的病原体、传播途径以及防治方法，从而明白了疾病与露天垃圾场的关联。在 1930 年，美国正式将填埋场命名为“卫生填埋法”，这一术语是由加利福尼亚佛瑞诺公共工程委员会主席创建。这一命名反映了当时对卫生填埋场的重视，旨在确保填埋场的运营不会对环境和人类健康造成不利影响。

5.1.1 填埋场发展之路

经过百余年的发展，填埋场技术经历了从简易堆填到卫生填埋，再到循环型填埋的过程（见图 5-1）。

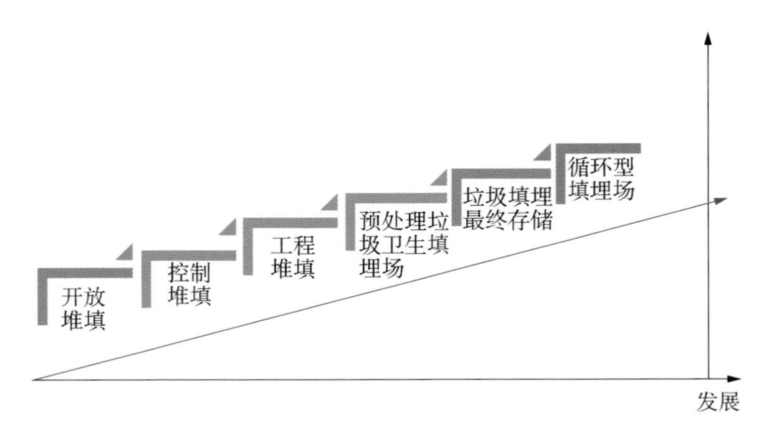

图 5-1 填埋场技术发展历程

简易堆填是一种无任何工程措施的填埋方式，它利用原有的空地、沟壑以及一些废弃的水塘，而不采用任何环保措施来进行垃圾暂储。

填埋场采用了一系列垃圾填埋工艺，如压实、覆土等，并配备了部分垃圾环保设施，一定程度上对填埋垃圾引起的二次污染进行了控制，但在防渗系统、渗滤液达标处理等方面仍需改进。使用了这种填埋方式的填埋场，通常称为非正规填埋场，比如北京，在奥运会过后的2008年底，垃圾堆积存量在200吨以上的非正规填埋场达到了1011处。其中位于五环以外的占到了97%(其中生活垃圾约占90%，建筑垃圾约占10%)，所以非正规填埋场离我们的生活并不遥远，且它们大多没有设置防渗措施，也未覆盖导气系统。

卫生填埋场则是通过标准化卫生填埋作业工艺和手段，对整个场地实现防渗处理，同时采用污染控制方法对二次污染物进行达标处理，并综合考虑终场利用，达到隔离、卫生、可控的目标。

生物反应器填埋是在卫生填埋场的基础上，通过渗滤液回灌来调节堆体内部含水率，增强垃圾水分和营养物质的迁移，提高微生物降解活性，达到加速填埋场稳定化进程的填埋方式。

还有一种填埋场在中国受到很大的欢迎，那就是循环填埋场，主要特点是为了能够有效地利用填埋场的空间，将一些已稳定化后的垃圾挖掘出来后再利用，同时将新的填埋空间留给其他新产生的垃圾。

5.1.2 垃圾填埋“那些事”

了解了填埋场的发展历程后，我国采取了怎样的措施来发展垃圾填埋呢？填埋是一种主要的垃圾处置方式，在过去的一百多年里，我国已建成了许多不同等级的填埋场/堆场，但大多采用直接堆叠的方法。到 1980 年，我国已引入最主要的 HDPE 防渗膜，在 20 世纪 90 年代初期，上海老港填埋场（1989 年）、杭州天子岭填埋场（1991 年）、深圳下坪填埋场（1997 年）等代表性填埋场的建成，使我国填埋场进入了快速发展时期。到了 2010 年左右，城市生活垃圾填埋场基本建设完毕。

目前中国有近两千座填埋场，其中河南、广东、新疆、安徽省填埋场数量最多，均超过 110 座，西藏自治区填埋场数量最少，但也严格按照填埋标准进行了建设。安徽省的垃圾填埋场数量虽然位居全国第一，但大部分是小规模的简易堆场（年填埋量不到 500 万吨）。

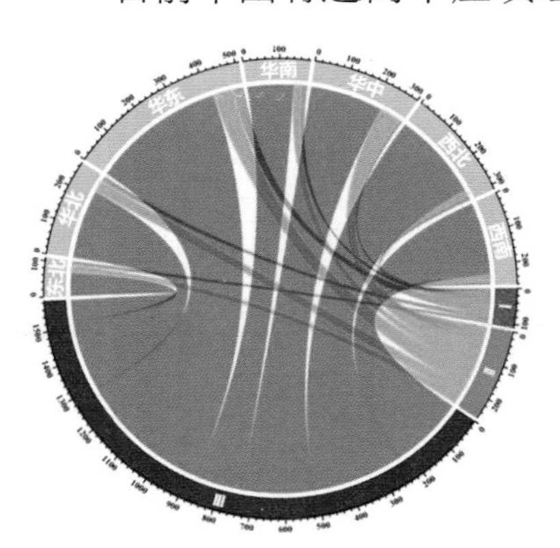

图 5－2　中国垃圾填埋场规模和区域分布

注：Ⅰ类（＞500 万立方米），Ⅱ类（200 万～500 万立方米），Ⅲ类（＜200 万立方米）。

现阶段，我国固废处理工程项目的发展具有较强的地域性（见图 5－2），在华东和华北地区分布较多。2021 年，我国固废处理工程新增项目中，华东地区新增 152 个，占全国新增项目的 33%左右；华北地区新增项目数量为 89 个，占全国新增项目的 19%[19]。

这些填埋场大多基于“因地制宜”的原则建造，既考虑了所在地垃圾的产量，也分析了当地的水文地质条件、设施的便利性等。从中国各省典型垃圾填埋场遥感影像图（见图 5－3）可知，最终人们在认为合适的区域，建设了大量形态各异的填埋场。

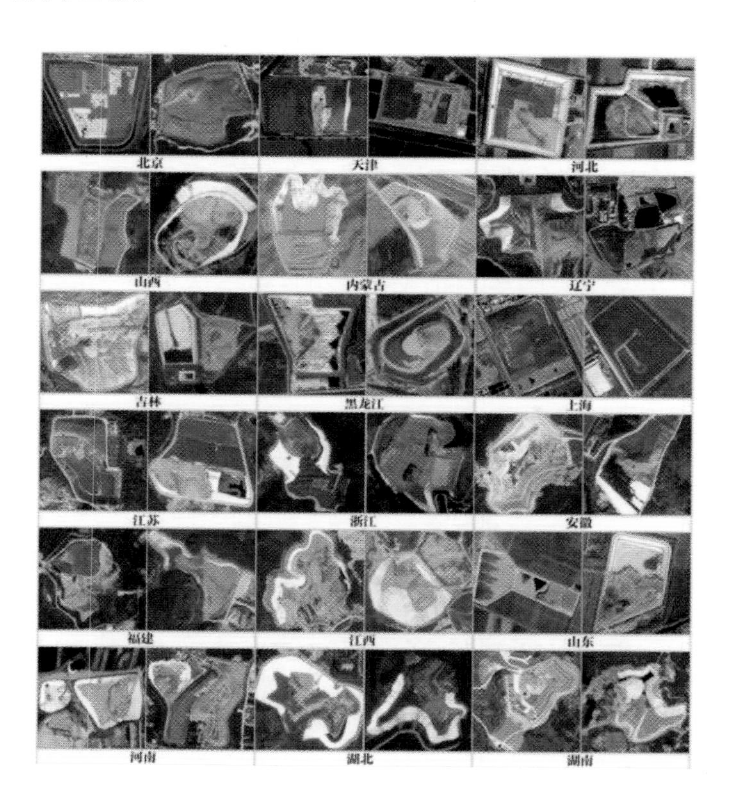

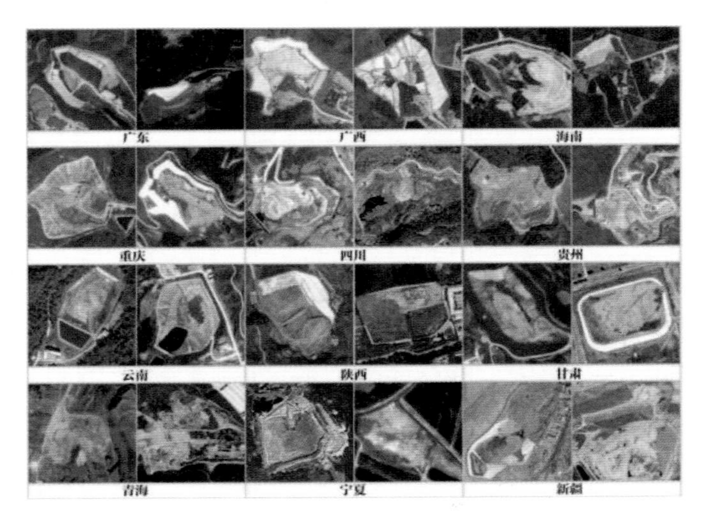

图 5-3　部分省份典型垃圾填埋场遥感影像图

5.2　填埋场的“剥茧抽丝”

由于受到美国军方活动的影响，第二次世界大战后，美国陆军工程师团将卫生填埋场进行全面推广。填埋场的发展实际上是其构造的发展，一个卫生填埋场的大致构造并不复杂(见图 5-4)。

图 5-4　填埋场构造图

从这个构造可以看出，填埋场主要发挥隔离、储存、控制等作用，其中通过垃圾预处理来提高储存量、通过隔离来减少泄漏污染和通过控制来降低环境风险。整个填埋场形成了这种三明治式结构(见图 5－5)，上下两层是隔离系统，而中间夹杂着所填的垃圾。可填的原料主要是生活垃圾、普通工业垃圾、焚化厂产生的煤渣和堆肥场的废品。在这些垃圾处理过程中，垃圾和惰性物质(例如沙子、灰烬或煤渣)等通过层层交替堆积，形成一个千层饼式的垃圾堆坑。标准化的卫生填埋场一般包括防渗系统、覆盖系统和二次污染控制系统。

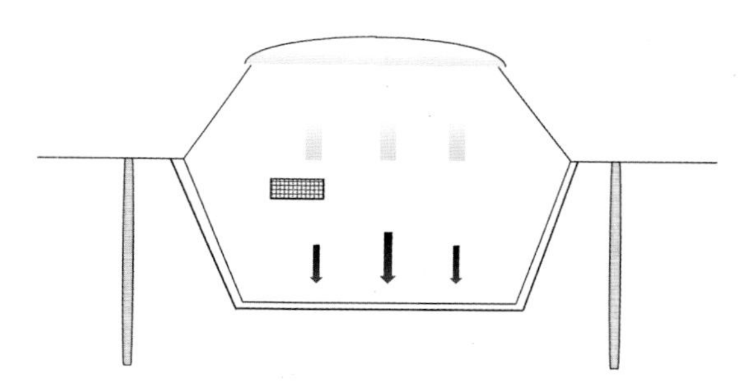

图 5－5　填埋场的三明治式结构

卫生填埋场的一个重要目标是减少污染物进入地下水系统，防渗系统因此成为填埋场的标配(见图 5－6)。防渗系统受两方面的限制，包括防渗结构以及防渗材料。防渗材料的选择至关重要，低渗透性的材料一般会成为首选。黏土由于优良的自然性能而被广泛应用，其渗透系数在 1×10^{-6} 厘米/秒左右。在 1982 年以前，通常采用单层压实的黏土衬垫系统。随后一些人工材料由于其出色的性能逐渐进入了防渗系统，例如土工膜衬垫系统和高密度聚乙烯（HDPE）防渗膜。为了满足更高的防渗要求，人们还尝试和应用了各种不同结构类型的防渗措施，例如，1983 年引入了双层土工膜衬垫系统，1984 年采用了单层复合衬垫系统，以及 1987 年引入了双层复合衬垫系统[20]。这些不同的防渗措施的选择取决于需要满足的具体防渗要求，并成为填埋场的选择的一部分。

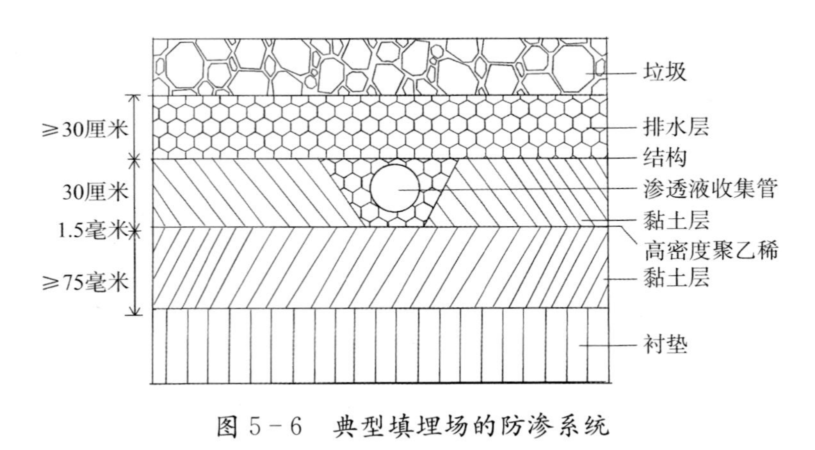

图 5－6　典型填埋场的防渗系统

膜衬垫系统、高密度聚乙烯（high density polyethylene，HDPE）防渗膜等被逐渐引入填埋场。为了满足更高的防渗要求，人们还尝试和应用了各种不同结构类型的防渗措施，如 1983 年的双层土工膜衬垫系统，1984 年的单层复合衬垫系统以及 1987 年的双层复合衬垫系统[20]，都成为需满足不同防渗要求填埋场的选择。

垃圾在这种卫生填埋场内会以什么形式存在，一般按照垃圾的“自然状态”直接进行填埋，对于一些特殊的污泥会采用固化后填埋，而对于大件垃圾等，则可能会将其粉碎均匀后填埋，并对所填垃圾进行适当压缩来减少垃圾的体积。根据氧气含量的不同，堆体内可以形成三种状态，厌氧状态、兼氧状态以及好氧状态，相应的填埋场称为厌氧填埋场、准好氧填埋场和好氧填埋场（见图 5－7），但以采用厌氧填埋为主，主要是后两者的建设和运行过程投入较大，但填埋场本身其实是一种相对低价的处理方法。

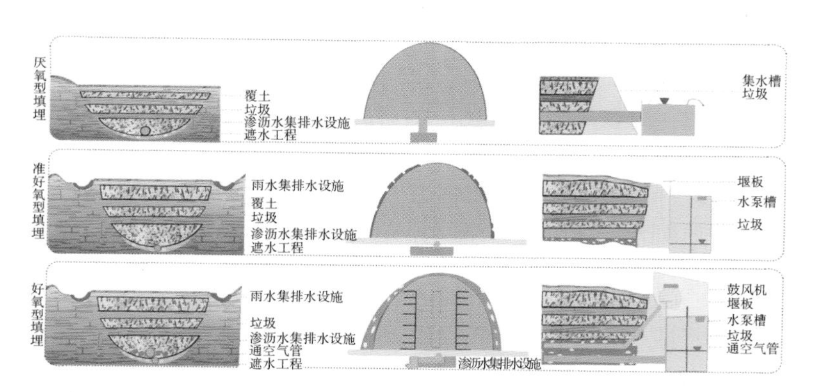

图 5－7　厌氧填埋场、兼氧填埋场和好氧填埋场的构造

厌氧填埋场的主要运作过程涉及将垃圾逐层堆叠，以减少垃圾的体积，并确保填埋过程的安全。通常情况下，为了减少垃圾堆内的氧气含量，垃圾会被压缩，一般每层压实到约 30 到 50 厘米的高度，厚度通常控制在 2 米左右。当垃圾堆填到一定程度，例如几米高时，会进行中间覆盖层的添加，以增加底层的稳定性和安全性。经过一系列操作后，整个填

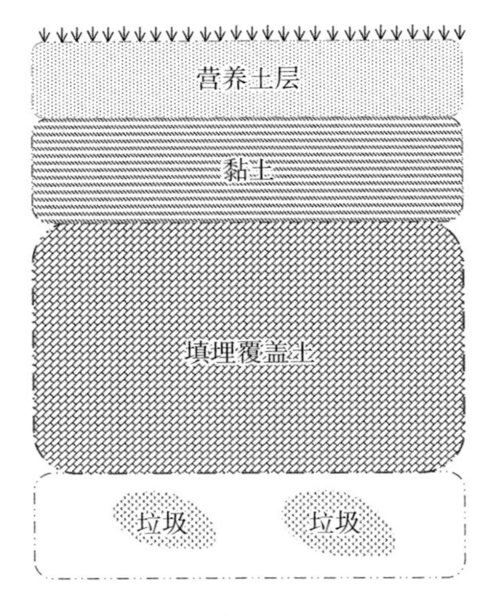

图 5-8　填埋场覆盖系统

埋场将达到较为严格的厌氧状态，这有利于产生被称为“填埋气”的沼气。填埋过程完成后，通常还会再加上一层约 1 米厚的最终覆盖层，将填埋场与周围环境隔离开来。覆盖系统的设计目标包括削减外来水量、减少填埋气的无序释放，同时提供一个可用于景观美化和填埋地再利用的表面。

填埋操作过程需根据不同的地形进行。一种是利用高台直接倾倒法，通过位于高处的斜坡把垃圾注入沟槽，这样操作方便，但并不能达到压缩垃圾的目的。另一种方法称为“蜂巢法”或“格屉法”，把垃圾堆分成长宽高约 4～5 米的“蜂巢”，把垃圾装满，挖掘出来的泥土可以作为垃圾场的最后一道屏障，或者利用分隔的方法来制造格屉；也有的把固体废物直接倒置到天然斜坡上，经压实后现场取土覆盖再压实，如此往复即为斜坡填埋法（见图 5-9）。该技术适用于平原型和沿海地区的大型填埋场。还有一种先经过预处理，形成相对均质的立方块，俗称“打包法”，适合危险废物的填埋。

直接倾倒法

斜坡填埋法

图 5-9　填埋工作过程(高台直接倾倒法和蜂巢法)

二次污染控制系统则是为了应对填埋场有可能产生的二次污染问题而采取的技术手段,主要围绕填埋场底部的防渗、渗滤液的收集处理、填埋气的回收利用以及土壤污染的防治等方面展开。

5.3 填埋场的"坏面孔"

填埋场在处理垃圾的同时会对环境产生哪些不良影

响呢？

填埋场是垃圾的储存场所，这样一来就会不可避免地占用一定的土地资源，其次垃圾填埋过程中会产生填埋气（包括沼气和恶臭）和渗滤液等二次污染物质，这些都是令大家讨厌的物质。再加之垃圾运输、垃圾降解的过程，都会释放恶臭，影响了周边居民的身心健康，所以需要人们在设计、建设和运行填埋场的过程中特别关注恶臭问题，减少其对周边居民的影响。

那么如何采取措施应对这种影响呢？一般会根据填埋场垃圾的特性，在填埋场中构建一些填埋气导气管（见图 5-10）。通过填埋气收集，既可以消除其中的恶臭，又能够将沼气收集起来，进行能源再利用。

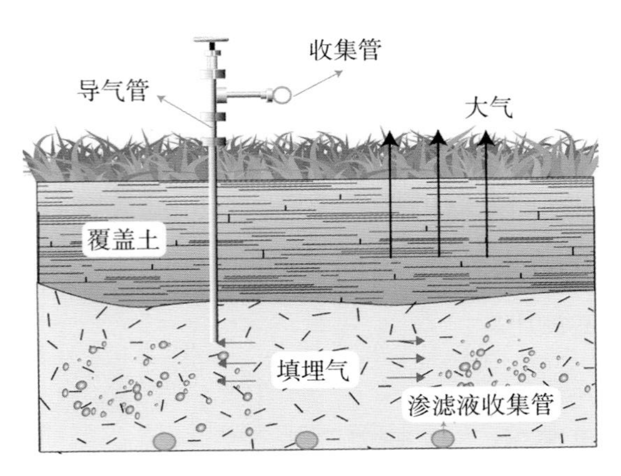

图 5-10　填埋导气管和收集管布置

填埋场的沼气伴随着填埋场的整个降解过程。有研究表明[21]，填埋是固废处置中碳排放的主要来源，通常导致的碳排放水平远高于其他垃圾处置方式。因此，我们需要特别关注控制这一过程中的温室气体排放。值得一提的是，对垃圾进行预处理后，收集到的这些气体在一定程度上还可以用于发电等用途，因此可将其视为一种有潜力的资源化利用途径。

除了垃圾堆肥外，沼气在我国也得到了较好的利用，其发展历史经历了“两起两落”过程。沼气利用的历史可追溯到 1920 年前后的广东潮梅地区。经过多轮实验该地区不断完善了沼气池结构及施工工艺，规范了其管理和使用，形成了国内首个比较完整、可推广的水压式国瑞天然瓦斯库，该沼气池为私人建造，供私人使用。随后的十余年间，沼气池在全国推广开来，逐渐建造了 20 多个沼气池。1936 年，周培源强力推荐沼气的利用，并在江苏宜兴县建造了有水压式活动盖和埋入地下的沼气池，其中产生的沼气可用来烧饭点灯。河北武安县 1937 年也有人曾在室内建造过沼气池，据说，这个沼气池现今仍可产气。

20 世纪 50 年代末期，沼气技术开始迅速发展，尤其是面对当时的能源短缺等问题，多能源替代成为一种重要的解决方案，为沼气的推广提供了机会。在 1957 年到 1961 年期间，被称为“沼气化”运动时期，中国《人民日报》的头版头条刊登了“利用类似粪便等污物制造沼气，能用来点灯、烧饭、抽水、发电”的号召。然而，沼气的发展并没有持续很长时间，主要原因是当时没有足够的生物质原料可供利用。到了1979年，一份名为《关于当前农村沼气建设中几个问题的报告》被转发给了农业农村部等相关部门，沼气工作重新获得了推动力。到了1980年，沼气产量已经增长到了662万立方米，但是由于技术水平相对较低、建设沼气池的成本较高以及后期服务不足等原因，导致大量的沼气池在3年内被废弃，沼气规模下降到了392万立方米。然而，在接下来的20年中，随着技术逐渐成熟，一些成功的案例开始出现。例如，留民营村将人畜粪便和农作物秸秆作为发酵原料生产沼气，同时，沼气池中的发酵液和残渣被用作有机肥料，形成了生态循环。该村后来也被联合国环境规划署评为“中国生态农业第一村”。因此，沼气利用需要有一系列配套措施，比如处理发酵残渣等，以建立良好的循环过程，提高沼气的可持续性和效益。

5.4 填埋土地的未来

垃圾填埋过程不仅存在恶臭问题，还涉及占地问题。我们可以将垃圾场从最终处置场所转变为垃圾中转站或固废处置基地，这是目前无废城市建设中重要的支撑平台。当垃圾填埋场中的垃圾在长时间的厌氧发酵后，通常在我国南方地区约经过10到15年就会基本稳定化。如何有效利用稳定化后的垃圾和土地，成为垃圾场转型的首要问题。一种常见的方法是将稳定化的垃圾直接转变为公园绿化。另一种方法是将稳定化的垃圾重新挖出，充分利用其中的有机物和热值，提高土地的利用效率。通过多角度规划，垃圾场可以成为固废的储存和调配场所，甚至可以构建高颜值的静脉园区。例如，法国在 1951 年将瓦兹省利扬库尔的日垃圾场转变成了美丽的绿地园区，而在努瓦兹·勒·塞克的旧垃圾场周围，现在种满了刺槐和极树，并且修建了足球场。有些地方甚至在垃圾山上开设了娱乐设施，比如美国芝加哥郊区的一个垃圾山上有划船的湖、高尔夫球场和慢跑跑道。纽约附近的长岛的旧垃圾场已经变成了布鲁克海文区居民的动画与教育活动中心，中心还有游泳池、游戏区、野餐区、宠物收容保护区和菜园。纽约市也在填埋场地上建立了弗莱士河公园，占地面积达到 9 平方千米，将其转变为了一个集休闲娱乐、文化教育等多功能于一体的公共生态景观公园。而纽约肯尼迪机场则是直接在垃圾泥塘的基础上修建而成。还有一些丘陵状的垃圾场变身为娱乐中心，如德国莱比锡的谢德伯格，人们将垃圾积累而成的小山改建为供孩子们玩耍的冬季运动场所，而加拿大的多伦多也有类似的案例。

这些创新性的例子表明，垃圾填埋场可以在稳定化后得到合理的再利用，为城市提供了宝贵的土地资源，并且创造了多种娱乐和文化活动场所，同时也有助于生态环境的改善。因此，在垃圾场转型过程中，应该积极考虑如何将其转变为有益于社区和环境的多功能场所。

我国学者也提出了循环型填埋的概念(见图 5-11),以解决之前填埋过程中产生的恶臭等问题,并为生活垃圾处理提供了新思路和建议。这个概念包括可持续型垃圾填埋场,为垃圾处理提供了新的途径。首先,通过渗滤液回灌等控制手段,提高了填埋堆体的水分含量和氧含量,增加了堆体内的营养元素,提高了填埋场堆体内微生物的活性,从而加速了垃圾的分解和稳定化过程。接下来,通过在填埋场进行垃圾分类和分流处理,可以释放出用于建设静脉园区等的空

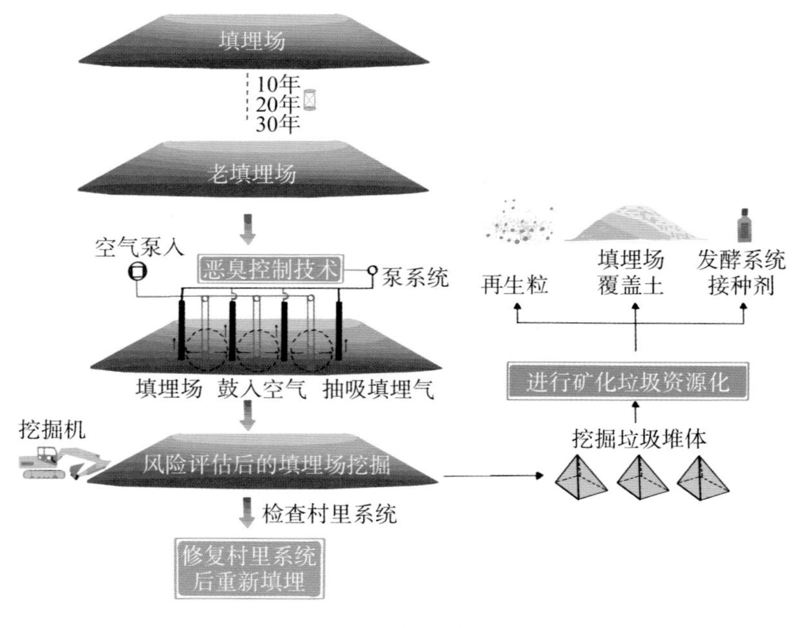

图 5-11　循环型填埋场

间。这一理念已经在上海老港固废基地得到了实际应用，该基地的占地面积目前已达到了 29.5 平方千米。特别值得一提的是，在固废基地内还建有一个名为“垃圾去哪儿”的博物馆，也被称为上海市生活垃圾科普展示馆，位于上海市浦东新区老港镇南滨公路 2088 号，欢迎大家前来参观学习！

第6章

垃圾的未来——上海案例

以沪为镜，观我国的垃圾处理。

上海，这座以国际化与高科技为标签而闻名全球的特大城市，扬名于我国城市发展的历史长河。与其知名度相匹配的是，它在垃圾处理方面一直走在前沿，是全国首个开展强制生活垃圾分类的城市。目前，上海共拥有 7 座卫生填埋场、6 座焚烧厂及 1 家主要堆肥处置场所。随着垃圾数量的急剧增加，在过去的十余年中，固废处理过程中产生的温室气体排放也急剧上升。生活垃圾的处理量从 2005 年的 608 万吨，逐年攀升至 2010 年的 699 万吨，再到 2015 年的 722 万吨。这一趋势的背后，是城市人口规模的增加和居民消费水平的提高，这是根本原因所在。上海在垃圾处理方面不仅在规模上有显著提升，技术水平也在快速发展。如今，我们已经接近实现了原生垃圾零填埋的目标，朝着更加和谐、科学和高效的处理进程迈出了坚实的一步。

6.1　垃圾带来的千钧负重

上海是中国的一个重要窗口，同样地，从其垃圾处理领域也可以反映出一些全国性问题。回顾 1978 年，上海的生活垃圾产生量仅为 108 万吨，而到了 2017 年，这一数字已飙升至 900 万吨，40 年来增至原先的 8 倍多(见图 6－1)。

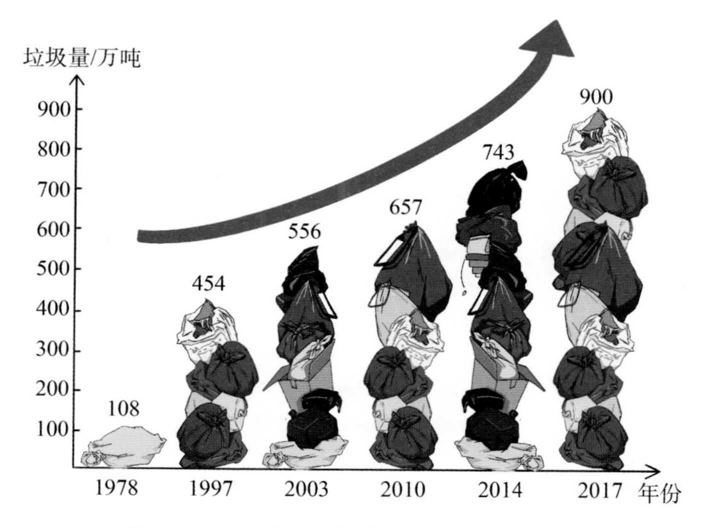

图 6-1　上海 40 年来生活垃圾量变化

在这些垃圾的区域来源比例中，浦东新区独占鳌头，2017 年浦东新区生活垃圾量为 230.7 万吨，占到上海的 1/4 多，与此同时，嘉定区、杨浦区、普陀区、徐汇区垃圾产生量也“不甘落后”。

这些废弃物的处理过程也伴随着大量温室气体的排放。如图 6-2 所示，上海市居民废弃物处置导致了间接的碳排放[22]，在 2010 年到 2019 年的时间段内，二氧化碳排放几乎一直维持在 80 千克以上。然而，直到 2020 年，这一数字有了显著下降，降至了仅为 22.33 千克。这一降幅的原因在于近年来上海在垃圾分类回收方面取得了显著进展，明显减少了废弃物处理中的碳排放量。

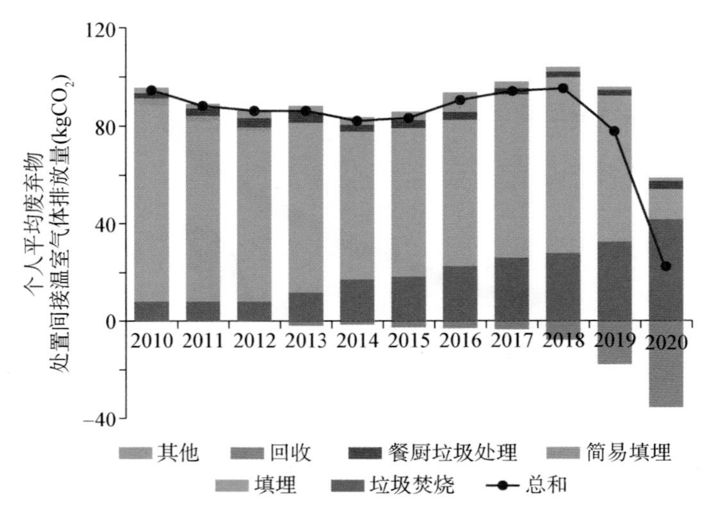

图 6－2 2010 年至 2020 年上海居民平均废弃物处置间接碳排放变化

到今天，作为一座人口近 3 000 万的特大型城市，上海每天有近 3 万吨垃圾产出。大概 2 周就可以堆出一个 420 米高的金茂大厦，20 天能堆满一座上海万人体育场。

在这些垃圾的产出中，都有你我的贡献。为了维持超大城市的正常运作，生活垃圾管理工作非同小可，这也成为城市软实力和精细化治理的重要参考指标。垃圾处理网络是城市重要的基础服务，如毛细血管一般遍布这座城市的每一个角落，与我们共生共存。

6.2 跟着垃圾“趣”旅行

上海的生活垃圾转运体系独具特色，充分发挥了其内河网络的优势，采用内河船舶进行集装箱式运输。下面，让我们跟随生活垃圾的旅程，深入了解它的收运过程吧。

“我”是一袋产生于上海市的生活垃圾。虽然看似微不足道，但我肚子里装着不少东西，有坚果壳、果皮、易拉罐、旧纸箱、菜叶，甚至还有一些残羹剩饭。在我准备出门旅行之前，我的主人将我仔细分类，然后就开始了我的收运之旅。首先，我来到了旅行的第一站——小区垃圾桶。那里，易拉罐和旧纸箱被扔进了垃圾回收箱。接着，我的剩余部分被继续分类，分别扔进了相应的垃圾箱，区分成干垃圾和湿垃圾。然后，我跟随着“旅游大巴”垃圾运输车，被运送至码头。在码头，我经历了一系列操作，包括“瘦身”装箱和装船。然后乘船抵达老港生活固废运转码头。在整个旅行过程中，我一直在车辆和码头之间穿梭，最终由自卸式集装箱运输车将我的剩余部分运送至终端处置设施，进行最终处理。

其中，被丢入干垃圾桶的部分跟着“旅游大巴”直接到达老港废物处理园区，在这里就会直接进入焚烧炉，产生的热量可以经过汽轮发电组发电，或者直接进入填埋阶段。而被丢入湿垃圾桶的部分则到达杨浦区湿垃圾资源化处置中心，需要先经过分拣，然后经过一系列“历练”，粉碎、提油等，最后再通过厌氧发酵产生沼气并发电，这样就能发挥“我”的价值了，一般来说，1 吨湿垃圾目前就可以产生 80 立方米沼气，可以发电 150 千瓦时，这让“我”觉得自己价值颇丰。

除了干湿垃圾，“我”最宝贝的可回收部分会从小区的垃

圾回收箱经过精心挑选并分类后，再被打包送往再生资源企业进行循环利用，开启它们新的一生。

从上述垃圾的自述中，我们对“垃圾去哪儿了”这个问题有了一个大致的思路(见图 6－3)。上海中心城区的生活垃圾将会从中转站再次转运至位于徐汇区的徐浦基地(负责黄浦、徐汇、长宁、青浦四个区的生活垃圾)和位于宝山区的虎林基地(负责宝山、虹口、杨浦、嘉定、普陀、静安六个区的生活垃圾)，经过压缩、集装后，通过水路运送至位于浦东的老港基地进行填埋或焚烧，其中焚烧厂包括老港垃圾焚烧厂(见图 6－4)和上海御桥垃圾焚烧厂(见图 6－5)。非中心城

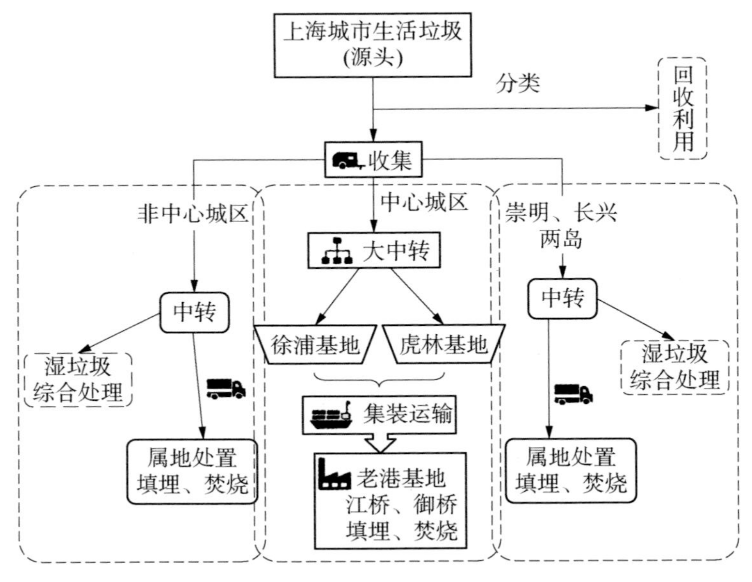

图 6－3　垃圾的“旅行路线”

图 6-4　老港垃圾焚烧厂

图 6-5　上海御桥垃圾焚烧厂

区的生活垃圾收集后经中转站中转后进入本区或邻区的生活垃圾处理处置设施进行属地处置，如闵行的有机质垃圾会运输到闵行垃圾堆肥厂进行处理。这一中转体系在 2010 年 2 月建成，日转运生活垃圾量可达 7 000 吨。

6.2.1　良好的处理能力

上海市目前各区域垃圾处理能力不一(见图 6－6)。上海市浦东新区生活垃圾处置能力最高，达到 26 080 吨/天，其次为松江和嘉定，处置能力分别为 4 400 吨/天和 3 730 吨/天。在设施方面，浦东新区拥有 5 个垃圾填埋场，分别是老港(Ⅰ、Ⅱ、Ⅲ、Ⅳ期)填埋场和老港综合填埋场。浦东新区还拥有老港Ⅰ期、老港Ⅱ期、黎明和御桥四个焚烧厂，其处置能

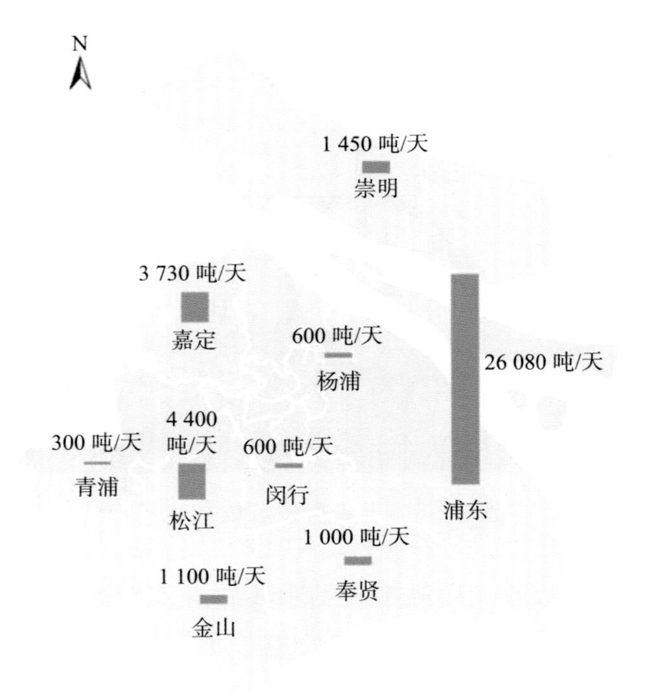

图 6－6　上海市各区域生活垃圾处理能力

力分别为 3 000 吨/天、6 000 吨/天、2 000 吨/天和 1 000 吨/天，其中老港Ⅱ期焚烧厂也是上海市焚烧处置能力最强的焚烧厂。在生物处置方面，上海生物能源再利用中心（Ⅰ期）和有机质固废处理厂（Ⅰ期、Ⅱ期）均在浦东新区，其处置能力均为 1 000 吨/天，此外还有老港湿垃圾应急处理项目，其日处理量能够达到 500 吨。[22]

另外，上海城市的有害垃圾日产量不足 1 吨，有害废物的收集通过定时或预约进行。居住区内产生的有害垃圾进入危险垃圾收集容器后，由所属地区的垃圾清运站或所在区绿化市容管理处指定的有资质的单位进行接收，并将其通过专门的车辆运送至各分区的中转站，当达到一定数量后，再预约由区中转站（或区市场监管部门）、市绿化市容局指定的专业收运公司进行统一运输、分拣、储存，最后按危险废物类别移交具有危废经营许可资质的单位进行无害化处置。

目前，上海正在通过一定的城市固废处理流程（见图 6－7），从垃圾源头进行减量及分类，缩减进入焚烧厂及填埋场等末端处置设施的垃圾处理量。如何优化垃圾管理对于特大城市来说是一个亟待解决的发展议题。垃圾处理也是温室气体排放的一大源头，关注垃圾处理中温室气体的排放，成为双碳目标实施的重要一环。碳普惠体系的构建有利于定量化个人日常消费过程中的碳排放特征[23]配套，其他措施有利于实现资源节约和双碳战略的实施（见图 6－8）。

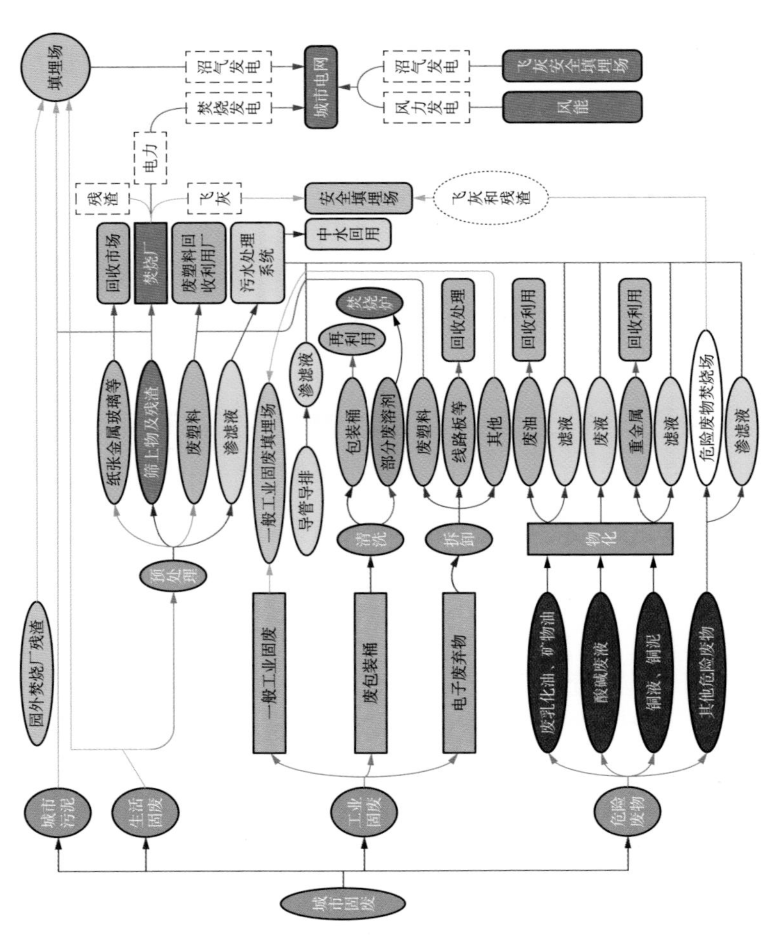

图6－7　城市固废处理流程

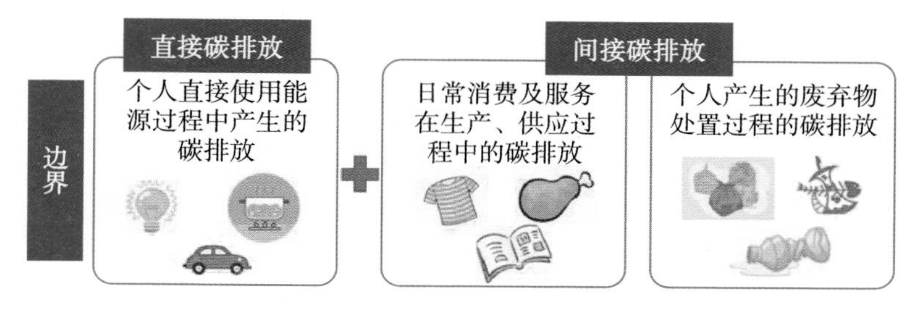

图 6-8　个人碳普惠核算边界及方法

上海市生活垃圾管理方案从最初收集—处置(露天堆填)发展到收集—中转—集装—处置(堆肥、焚烧和卫生填埋)。进一步在源头加入了分类措施以减少垃圾产生量,旨在经济发展和消费升级的社会发展阶段中平衡垃圾产生量和处理量。

上海垃圾的安全处理和循环利用对于其建设成具有全球影响力的科创中心的目标提出了挑战。老港固废基地作为上海最大的固废综合处置基地,成为全市约 50%生活垃圾的"最后归宿",是全国固废处理能力最大、处理对象最多元、资源能源利用产业链最完善的综合处置基地(见图 6-9),也是全球最大的以生活垃圾为主的标准化、规范化、生态化固废综合处置基地。据有关报道,老港有着国内首个面积最大、立地条件最困难的垃圾填埋场修复和沿海新成陆地区、抗风抗盐碱成片大面积造林项目,形成绿化面积 10 平方千米,覆盖率达到近 70%,相当于 5 个世纪公园,构建了立体式能源利用格局,年均发电可达 4.84 亿千瓦时。

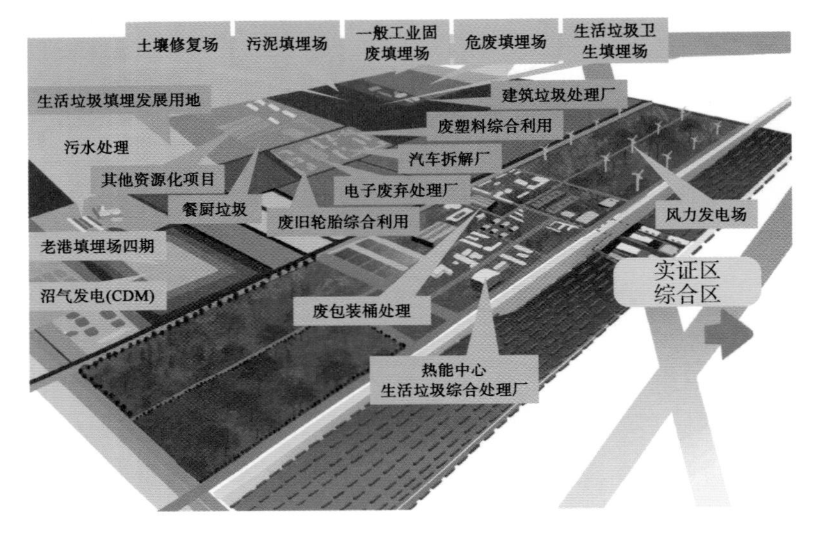

图 6－9　老港固废基地

同时老港面临着支撑体系不完善，亟待升级基地科研实证功能、实现固体废弃物科技创新与产业应用的无缝对接需求，建设全球知名的固废静脉园区的现状。在智慧园区建设方面，城投老港是上海全局规模最大、综合性最强的生态基地，要优化“绿色老港 2.0”这个信息平台，就要加强对基地环境的监控监测，通过虚拟化服务推进大数据中心与云服务建设，实现园区全覆盖的智能决策与智能调度，结合日益增长的对数据云储存中心的需求，建设数据中心，并利用垃圾焚烧产生的绿色能源为数据中心供能，提高项目绿色环保效益，同时顺应“互联网＋”时代，形成固废与互联网的跨行业协同和融合的新业态。在国际科创中心建设方面，老港通过集聚知名院校以及国际领先水平的科技创新团队的教学和试验基地，在一个基地内实现科研成果向生产的转化，引领产业发展方向，建立高校、专业研究所、国际知名企业集聚的国际科创中心，提供产学研相结合的一条龙创新服务。

综上所述，上海走出了一条相对专业的细分类技术道路。

6.2.2 强制垃圾分类水平

垃圾分类需要触发社会治理最末梢——家庭单元的活力，考验的是省级政府的统筹规划水平、基层组织的动员执行水平以及针对具体问题的微创造能动性，依托的是政府的动员能力、组织能力、宣传能力以及技术配套能力等。而垃圾分类成功与否，取决于人的参与度与获得感、物的匹配度与稳定性，需解决几对矛盾：垃圾投递类别与分类收运过程匹配矛盾、垃圾居民前端分类标准与后端处理措施匹配矛盾、垃圾末端处理与垃圾回收利用之间的矛盾、市场驱动与政策推动垃圾管理之间的矛盾以及设施建设与分类推进先后次序之间的矛盾。上海垃圾分类从社区端—收运端—处置端—回收端施行了有针对性的措施，梳理了垃圾管理系统的各个层级，基本平衡了能力建设与精细调配之间的关系。

(1) 社区端措施："撤桶—定时—定点"是触发居民强制分类的基础，赋能定投垃圾房为社交场所，激活基层社区的执行力和微创造力。为解决居民和社区垃圾投递分类矛盾，上海市采取了一系列措施。首先，2013 年发布的《上海市促进生活垃圾分类减量办法（草案）》明确了垃圾四分类方法，并通过建立绿色账户来鼓励居民养成分类习惯。其次，2019 年发布的《上海市生活垃圾管理条例》在社区层面实施了垃圾投放要求，以撤桶＋定点定时为主。为了快速传递垃圾分类意识到每一个家庭，政府采取了多种措施，包括志愿者的入门入户宣传、社区大横幅的展示以及多样化的宣传活动。这些措施相互补充，共同推动了垃圾分类工作的顺利实施。

结合《生活垃圾定时定点分类投放制度实施导则》，依托现有的垃圾房设施，根据居民的投递半径和行为，动态设置投递点，以激发基层组织的创新能力，提高居民的便利度。这一举措包括设立步行标志、提供洗手池、供应消毒液、引入积分卡，改进垃圾房的误时投放点，以及定时消毒和除臭设施，旨在令居民感受到更贴心的服务。志愿者有序引导，物业垃圾收集员进行现场监督，还有部分二次分拣工作，这一综合措施在一定程度上提高了分类质量，并传达了分类标准。初步实现了居民、志愿者、物业企业等多方主体的有效协作，特别注重了垃圾投放点的环境卫生控制，致力于将其打造成社区社交的重要节点，使垃圾厢房成为社交场所，缓解了垃圾点的邻避效应问题。

（2）收运端措施：根据四分类特点配备干/湿垃圾收运车、调整收运调度计划，解决前端分投后端混装固有矛盾。针对投分收混的现象，配齐干湿分离收运车辆，并实现分类调度路线，有效保障了湿垃圾和干垃圾的分类与分批收运，解决了前分后混问题。在社区垃圾分类质量大幅度提升的前提下，充分利用收运端环卫工人的直接监督，部分区域推行“不分类不收运”，从社区端提升垃圾分类质量；技术上通过垃圾中转站湿垃圾判别图像识别系统，拓宽对混装混运行为的社会监督举报途径，进一步提升了干湿分类监管能力。

（3）处理端措施：充分挖掘现有设施潜力，推进托底设施建设和规划迭代分类，解决前端分类标准与后端处理匹配性矛盾，垃圾分类重点解决分类出的湿垃圾出路，结合脱水、就地分散处理和集中处理三种措施，先易后难，通过源头、中转及末端环节设施改造提升湿垃圾脱水处理能力；多部门联合制定《上海市农贸市场、标准化菜市场湿垃圾就地处置设施配置标准》推进大型菜场湿垃圾就地肥料化。政府层面集中力量进行湿垃圾托底处理设施选址和建设，依靠已有焚烧固废基地，进行湿垃圾应急与集中处理，是目前在无法完全保证湿垃圾无害化的重要一环，是以时间换垃圾分类合适合理处理的重要保障。

（4）回收端措施：利用各级政府能动性快速铺开“社区点—街道站—区级场”，市场与政府结合，重构可回收物回收网络，解决垃圾处置与回收利用之间的矛盾，可回收物具有一定的价值，利用财政建设补贴和纳入循环经济政策等措施，吸引社会资本进入；依托可再生资源许可证，将分散回收公司有机统领，依托不同企业形成分散型的两网融合体系，最大化强有力地推动市场回收；运用市场化模式和指向性目标，构建以垃圾厢房为主的垃圾收集点、以既有设施为载体的可回收物中转站，以及后续各区自有集散场构建，实现以“点—站—场”为基础的回收体系重构；同时提升中转站和集散场运营水平和品质，提高两网融合的活跃度，做好低价值可回收物市场失灵情况下的托底保障。

可以坚信，再经过若干年的不懈努力，上海生活垃圾处理一定能实现减量化、资源化、无害化的目标，实现碳达峰、碳中和的最终目标。

参考文献

[1] 宋国学. 功能型小城镇建设：中国经济发展之后的城镇化道路［M］. 吉林：吉林大学出版社，2015.

[2] Gómez-Sanabria A, Kiesewetter G, Klimont Z, et al. Potential for future reductions of global GHG and air pollutants from circular waste management systems [J]. Nature Communication 2022(13), 106.

[3] 荣荣，张斌. 丹麦居民垃圾源头减量措施与启示——以《丹麦无垃圾计划（2015—2027）》为例［J］. 再生资源与循环经济，2018，11（5）：41－44.

[4] 唐·德里罗. 地下世界［M］. 严忠志，译. 南京：译林出版社，2013.

[5] 申恒胜. 关系与生存：拾荒者的社会行为和生存方式［J］. 经济研究导刊，2013(19)：89－90.

[6] 卡特琳·德·西尔吉. 人类与垃圾的历史［M］. 刘跃进，魏红荣，译. 天津：百花文艺出版社，2005.

[7] Benjamin D K, Meiners R E. Recycling myths revisited [M]. PERC, 2010.

[8] 聂永有. 静脉产业发展政策研究［M］. 上海：上海大学出版社，2015.

[9] 刘慧玲. 垃圾问题专家特别调查：一个关乎可持续发展的特殊市场［J］. 市场观察，2000（2）：30－33.

[10] 施庆燕. 世博园生活垃圾组分预测及破袋破瓶预处理技术研究［D］. 上海：同济大学，2007.

[11] 沈仲常. 东汉石刻水塘水田图象略说——兼谈我国古代中耕积肥的历史［J］. 农业考古，1981（2）：50－55.

[12] 万国鼎. 陈旉农书校注［M］. 北京：农业出版社，1965.

[13] 威廉·拉什杰，库伦·默菲. 垃圾之歌［M］. 周文萍，译. 北京：中国社会科学出版社，1999.

[14] 李国建. 城市垃圾处理与处置［M］. 北京：中国环境科学出版社，1992.

[15] 郭钰豪. 抗战时期陕西省肥料推广与试验研究——以1943年为例［J］. 新乡学院学报，2019（7）：68－72.

[16] 吴金芳. 从迎垃圾下乡到拒垃圾下乡——对垃圾问题的历史与社会考察［J］. 湖北经济学院学报（人文社会科学版），2018，15（3）：7－24.

[17] 陈世和. 中国大陆城市生活垃圾堆肥技术概况［J］. 环境科学，1994，15（1）：53－56.

[18] 李季，彭生平. 堆肥工程实用手册［M］. 2版. 北京：化学工业出版社，2011.

[19] 张弛，柴晓利，赵由才. 固体废物焚烧技术［M］. 北京：化学工业出版社，2017.

[20] 钱学德. 现代卫生填埋场的设计与施工［M］. 北京：中国建筑工业出版社出版，2001.

[21] Cai B, Lou Z, Wang J, et al. CH_4 mitigation potentials from China landfills and related environmental co-benefits［J］. Science Advances, 2018, 4(7): eaar8400, 1－8.

[22] 张可. 生活垃圾填埋场温室气体排放演变过程及其与城市化排放特征时空关系研究［D］. 上海：上海电力大学，2023.

[23] 周雨校. 厨余垃圾分类处置现状评估及其对城市生活垃圾管理碳排放影响研究［D］. 上海：上海交通大学，2022.